U0616568

大自然学习智慧

与特拉的 52 日神秘之旅

[奥地利] 君特·卡耐尔
[德国] 约翰内斯·玛提森 ◎ 著

吴珺 ◎ 翻译

西南交通大学出版社
·成都·

四川省版权局
著作权合同登记章
图进字 21-2014-159 号

图书在版编目（ＣＩＰ）数据

向大自然学习智慧：与玛特拉的 52 日神秘之旅 /
（奥）卡耐尔，（德）玛提森著；吴珺译. —成都：西
南交通大学出版社，2015.1（2019.12 重印）
ISBN 978-7-5643-3696-7

Ⅰ. ①向… Ⅱ. ①卡… ②玛… ③吴… Ⅲ. ①人生哲
学—青少年读物 Ⅳ. ①B821-49

中国版本图书馆 CIP 数据核字（2015）第 012651 号

向大自然学习智慧
———— 与玛特拉的 52 日神秘之旅
Xiang Daziran Xuexi Zhihui
Yu Matela De 52 Ri Shenmi Zhi Lü

[奥地利] 君特·卡耐尔	著	出 版 人	阳 晓
[德 国] 约翰内斯·玛提森		责任编辑	张慧敏
吴 珺 翻译		封面设计	严春艳

印张 15 字数 172千	成品尺寸	170 mm×230 mm
版本 2015年1月第1版	印次	2019年12月第4次
出版 西南交通大学出版社	地址	四川省成都市二环路北一段111号 西南交通大学创新大厦21楼
印刷 四川煤田地质制图印刷厂	邮政编码	610031
网址 http://www.xnjdcbs.com	发行部电话	028-87600564　028-87600533

书号：ISBN 978-7-5643-3696-7　　　　定价：39.00元

图书如有印装质量问题　本社负责退换
盗版举报电话：028-87600562

出版缘起

有这样一位石头爷爷

在中国，约翰内斯·玛提森先生被大朋友和小朋友热情地称为"石头爷爷"。1946 年，石头爷爷出生于德国南部的卡尔夫，在黑森林长大，大学就读建筑系，毕业后做过建筑设计师，然后接受华德福教育师资培训，在维也纳和海德堡的华德福学校担任艺术教师 20 余年；之后，石头爷爷作为自由职业者和景观设计师，奔波于世界各地，带领人们尤其是年轻人把许多被人为破坏的自然景观重新修复为美丽的景观。

2011 年 6 月，石头爷爷不幸被检查出患有多发性骨髓瘤，住进医院进行治疗。自此，他勇敢地探索着生命的奥秘和意义……

之后，石头爷爷不顾病情发作，一边接受治疗，一边撰写出版了他的新书 MATERA——Learning from the Wisdom of Nature（《向大自然学习智慧——与玛特拉的 52 日神秘之旅》），也就是我们即将读到的这本小书。这本小书共有 52 章，内容包括种子的未来、蝴蝶与蜕变阶段、太阳的力量、杂树林与人类社会、冲突中的鹰与鸽、莲花的秘密、蚂蚁的集体智慧、一切都是声音、无章和有序等。石头爷爷无私地奉献着他在生命探索中获得的经验和智慧。

最后，我们想引用石头爷爷在给读者信中所说的话作为此文的结尾。

"这本书很简单，但是很感人。为什么是 52 章？因为一年有 52 周。这本书在德国出版并受到广泛欢迎。我想这本书很容易被理解。它会唤醒许多人的兴趣，帮助我们人类重新与自然连接。这本书会唤醒父母、教师新的意识——与自然界合作，而不是对抗。"

石头爷爷在中国的大朋友
2014 年 12 月

德文版读者书评

深邃的思想，浅白的语言——一本充满智慧的书

除了纪伯伦的诗作，我没发现还有其他书可以与之媲美。本书毫无权威式的说教，将深奥的哲理如涓涓细流般娓娓道来，其语言优美清晰，言简意赅。

故事梗概：有位年轻人消失了 52 天，跟随玛特拉这位大地之母行走四方。一路上，年轻人洗耳恭听玛特拉的教诲。她引导他去发现自然界的哲理，也即是本书奉献给大家的精神瑰宝：我们怎样从这个扑朔迷离的大千世界中寻找蛛丝马迹，以解读大自然这本百科全书，并揭开个体、生命历程以及人们迫切渴望了解的宇宙之谜。

这确实是一本与众不同、值得大力推荐的书。书中的插图也非常精彩，堪比明信片。

—— Barbara Chaloupek

2014.05.16

用与大地之母玛特拉一次旅行中发生的系列小故事，作者向我们揭示了大自然的深层本质——与自然界和谐相处，对我们的未来发展至关重要。作为自然界的成员之一，我们人类首先要学会读懂大自然这本百科全书，智慧之门就会随之向我们开启，帮助我们贯通古今。这对我们自身以及与自然的共同发展具有积极意义。

　　本书作者以其深沉的内涵以及高深的文学造诣，激励我们重新思索自我的定位，承担起对大地母亲未来的责任感。亦真亦幻的构思令本书更加引人注目、别具一格。

　　本书通俗易懂，却发人深省。书中所传达的内容，读者们也可以在诺伊马克特的"品读自然公园"和"茨尔比茨扩格尔-戈兰本岑自然公园——世界首个自然品读区"公园里自行领悟。

　　我想把这本书推荐给所有那些愿意更多了解地球的人，了解她作为孕育万物的母亲和我们的密切关系。这种深层次的理解可以帮助我们更清晰地梳理自己过去和未来发展的人生脉络，通过不一样的观察角度，遇见更好的自己。

——Michael Eppinger

2014.09.06

中文版序言

《向大自然学习智慧——与玛特拉的 52 日神秘之旅》这本小书已在欧洲德语国家觅得很多知音的事实，极大地鼓舞了我们。我们特此荣幸地授权其在中国出版。

在这个世界上，希望能对地球多加关注与尊敬的人们，特别是年轻人，他们的数量正在与日俱增。

然而与此同时，我们的现代工业国家对地球的残酷剥削、压榨却日益严重，对我们这个敏感而灾难深重、辗转喘息的星球所应有的生存条件完全没有任何尊重以及深度的理解。

作为该书的作者，我们认为：令本书成为教育工作者、老师、家长、年轻人及政治家的读物是具有极其重大意义的。

为了保护我们的地球不至于彻底走向衰亡，我们必须从根本上和她发展一种全新的伙伴关系。这是刻不容缓、迫在眉睫的！因为地球已经伤痕累累，她身上的疾病，已经四处蔓延了。

我在周游列国时，所到之处，包括所有大陆上那些人迹罕至的地方，竟没有发现有什么地方尚未被我们人类的扩张所侵扰。

我们建议首先应在全世界范围的校园里增加一门新的学科——整体人类生态学。年轻人将从这门课里学习如何以治疗的方式对待自然界。

因此，这本书应该尽可能让更多人在更广泛的地区传播，以激发更多有创意的灵感。只有这样，才能建立一种全新的规则：

不但人类需要地球作为基本的生存环境，而且地球也需要人类成为她的对话伙伴，以求更深远的积极发展。

祝愿你们阅读愉快并从中获取更多新的灵感！

约翰内斯·玛提森

君特·卡耐尔

2014 年 10 月

2013 年德译版序言

如同千百年来的每一位游牧儿女，在一座有着拱形天窗的蒙古包中，我呱呱坠地并逐渐长大成人。这顶以柳木为架、毛毡为棚的穹庐如此单薄，以至于人们在室内行走坐卧时对外面的一切均能了如指掌。因此，对我来说，在我降生到这个神圣星球的那一刻起，所感知的最亲近的音容笑貌不仅来自于我的人类父母，还来自于我们的"祖母"——大地，以及我们的"祖父"——天空。

早在幼年时期，我就已经认识到，自然是一本博大精深、有声有色的百科全书。她用声音、文字或歌声来演绎世间万象。人们对她的倾听与阅读，不仅仅是用耳朵和眼睛，更是用全身的感官：有时用手指或足尖，有时用鼻子、膝盖、腹部……

我从中领会到了全体游牧人的最高法则，那就是：与天地合其德，与自然和睦相处。

希望这本小书能警醒工业社会里的人们，让大家重新深刻认识到：你们的持续发展与地球息息相关。我祝愿这本书能尽量广为流传！

Galsan Tschinag

来自蒙古的诗人、作家、图瓦族领袖及萨满教法师

目　录

CONTENTS

引　言

几个月前，在一个曼妙的仲夏之晨，寂静小村的广场上，有位外表奇特的老人正与一名青年攀谈。没多久，两人仿佛从地平线上消失了一般，无论年轻人的家人朋友怎样四处寻找，他都杳无音信。

52 天之后的一个黄昏，当这位青年踏着暮色重新出现在人们的视野中时，他归来的消息不胫而走，亲朋好友沉浸在巨大的喜悦中。

村民们迫不及待地聚集在一起，催促他讲述他的奇遇。年轻人便向大伙儿描述了他与那位自称"玛特拉"的老妇人的一次神秘之旅：

他把失踪期间所写的日记逐篇念给大家听，并展示了自己沿途的绘图作品。人们热切地倾听他述说那场精彩绝伦的地球母亲之旅，丝毫不觉长夜的流逝……

第 1 日　种子的未来

今天早晨不同于以往，身边冷冷清清，一个行人也没有。我独自守在小镇喷泉边的汽车站旁，等候上班的巴士。忽然间，如天神下凡般，在我眼前冷不丁出现了一位样貌奇特的老妇人。

她披着一件由浅绿树叶编织而成轻如羽翼般的外衣。岁月的风霜在她的额头上刻下了深深的皱纹，让我想起了延绵起伏的山峦——尽管她外表看起如此苍老，但面容却洋溢着一种清新的青春气息。她的脸颊泛着宛若苹果的绯红，她的眼睛好似深山湖泊散发出绿宝石般的光芒，她的发缕间点缀着无数黄白的花朵……

老人向我报以温暖的微笑，令人如沐春风。一开口，她的声音却具有意想不到的穿透力："年轻人！愿你拥有一个无比美妙的清晨！我名叫玛特拉，我带着一项神秘的任务在地球上穿梭。我要向你们传递这样的信息：倾听动植物、江河湖海、山川星辰等自然界的话语。他们将为你们人类的发展提供宝贵而富有前瞻性的建议，他们别无所求，只希望获得你们全心全意的关注。"

尽管这是场奇遇，但疲惫的我还是带着相当的惊讶与不满回绝了老人，告诉她我还要去上班，请她别来打扰我。玛特拉却依然和蔼地端详着我，继续说道：

"在这世上，到处都有懂得随时从自然界中汲取智慧的人们，例如药师、农民、诗人及自然疗愈师……大自然就像一本翻开在每个人面前的百科巨作。但大多数人都遗忘了这部伟大的著作。如果你愿意，我可以向你揭示书中蕴藏的惊人智慧，你所要做的只是准备好随时留意观察发现。"

玛特拉缓缓摊开她的左手，掌中握着大把太阳花的种子。她从中取出一粒，对我说："仔细瞧瞧这颗小小的黑色种子，不要小看它，你将从中学到深奥的哲理！"

不知为什么，我乖乖照做了，认真打量了一番这枚葵花籽。"说说看，你都看到了些什么？"玛特拉问道。

当我简短地向她描述了种子的大小、颜色、形状之后，她启发道："想想看，当这粒种子被埋进土壤后，随着时间的推移，终将成为一株美丽的向日葵。发挥你的想象力勾勒出一株怒放的太阳花吧！尽你所能详尽地描绘她的曼妙身姿，她的绚丽花冠，她的鲜艳色彩！"我绞尽脑汁

勉强去完成这个任务。过了一会儿，脑海里果然浮现出了一株光彩照人的太阳花。

玛特拉接着说："借助土地与阳光赋予的力量，这粒微不足道的葵花籽确实能够在未来实现你刚才脑海中所描绘的画面。要知道：目前这枚种子已经以神秘的方式为日后绽放打下了一切基础，她已经为自己设计好了潜在的未来！

"同理，在你身上也蕴藏着神奇的潜能、天赋及眼界，它们会随着时间的推移慢慢显现。与植物不同的是，你对自我的要求决定了你的未来。因为作为人类，你拥有决定选择不同成长方向的自由，你也可以甚至完全放弃自我发展。当你成功地将最深层的潜能发挥出来时，你也会如一株光彩照人的太阳花般华美绽放。到那时，你也成就了内在的自我。"

此时耳畔忽然传来了喇叭的催促声，不知不觉巴士已经到了。我不知该何去何从，但内心深处有个声音阻止自己登上巴士。我现在迫切渴望对这位老妇人有更多的了解，于是下定决心追随她的步履。没错，我与这位神秘老人的传奇交往就此开始了……

启示

未来始终蕴藏在当下。

第 2 日　蝴蝶与蜕变阶段

我至今仍对自己当初义无反顾跟着玛特拉转身就走的勇气和决心表示惊讶，我也没有告诉任何家人和朋友这个临时的决定。

头一晚我们露宿在广阔的星空之下。第二天我们起得很早，在广袤的草地和原野上久久地徜徉。多少年没有这样与自然亲近了！究竟为什么会这样？我不知道。似乎所有其他事情对我来说总是更重要些。

玛特拉今天披了一条缀满橘色及棕色花瓣的披肩，好似完全融入了周围的风景，与之合为一体。

当我们经过一棵绽放着紫色鲜花的高大醉鱼草时，无数色泽艳丽的蝴蝶在空中翩翩起舞，最后聚集在她的头上组成了一顶彩色的花冠。玛特拉道：

"蝴蝶神奇的蜕变过程与你的成长不无类似。好好听着吧！你会为之惊叹的！

"每一年，从那些隐藏在树叶间的蝴蝶卵中，都会钻出小小的毛虫。这些毛虫们唯一的使命就是'大吃大喝'，他们日复一日不停地汲取养分，直至身材达标才停止进食。对于这些饱食终日无所事事的小家伙来说，好像忽然太阳从西边出来一样：他们开始织茧了！就这样夜以继日地织着，直到把自己包在里面完全无法动弹，成为坚硬的茧子挂在枝上。蝶茧里面有一块凝胶状的物体不断地胀大。从前那只蠕动着的小毛虫正在脱胎换骨，仿佛被融化般凝成了一块硬壳。

"在你所看不见的地方正发生着翻天覆地的变化：当下一个夏天来临时，这些小生物将用一种神秘的方式破茧成蝶，轻盈展翅，曼妙飞舞。你不也觉得大自然的神奇造化是多么不可思议吗？

"毛毛虫必须死去，是为了在不久的将来成为一只色彩斑斓的蝴蝶，翩然再生。从如此奇妙的幻化中，你可以悟出一个意味深长的道理：所有地球上的生命都在进化，用持续不断的前进发展，致力于绽放生命的华美。不仅对于花儿如此，对于蝴蝶，对于你们人类亦然。但化茧成蝶的过程并非一帆风顺，而是在大大小小的危机四伏中阶段性推进。

"此类危机有时会如此强烈，也许会将你的生活完全撼动，甚至需要你拿出所有的勇气孤注一掷。但不管将来有多么艰难，每一次生活的遭遇，每一回命运的打击，都会给你的生命及你的世界注入新的活力。若非如此，你不会有这般巨大的动力不断成长，超越自我。

"疾病、意外、分离或者失去最亲的人，这些遭遇都可能会在极度痛苦中反而成为你成长的助力，推动你的生命之舟驶往新的彼岸。

"这些蝴蝶如果不经历这样一番如死亡般艰辛的成蛹过程，你就永远不会在此看见这些翩跹飞舞的生命；同理，你的生活也应该是一场持续的'置之死地而后生'的奋斗过程。

"蝴蝶的毛毛虫时期，与你的童年相似，那是一个作为人类来说需要不停汲取养分的阶段。童年结束后，随之而来的便是结茧期，类似于你的青春期，在这个时段里，你把自己封闭起来，慢慢地经历内心的苏醒与自我意识的萌芽。而破茧成蝶则对应你的另一个生命阶段，也许你已经处于这期间，那就是壮大自我、造福世界的时期。这时的你就好像那些彩蝶们，在花丛中穿梭着传递花蜜，将喜悦洒向四方。

"亲眼目睹了蝴蝶的成长历程后，你觉得死亡的意义何在？"玛特拉忽然问我。

余音未了，她已默然走向遥远的群山，我跟随其后，陷入了沉思。我开始回顾至今为止的生命历程，思索当下的生活境况，以及不可预知的未来，甚至自己的死亡……是否我真的会蜕变出新的生命，抑或我将从此不复存在？……

启 示

　　所有的进化发展都基于同一条规律：在凋零后绽放，于死亡中新生。

第 3 日　太阳的力量

经过长途跋涉，昨夜不知何时我疲惫不堪地在一块铺满青苔的岩石上沉沉睡去。

今晨，在破晓的微醺中，我被玛特拉喜出望外的惊叹声唤醒。她从更高的峰顶召唤我："快过来啊！让我们一起迎接日出吧！"

我刚登上山顶，太阳便一举跃上了地平线。

"还有什么比守候日出更激动人心的事情呢？让朝霞将你笼罩，让万丈光芒照耀你的心田，让你的全身充满能量！世间美好莫过于此！"玛特拉对生活的满腔热爱溢于言表。

她说得完全没错。极目远望，"天光云影共徘徊"，绚丽绯红的云霞在空中轻舞飞扬，如梦如幻，美得令人窒息。

"自古以来，人类对太阳就顶礼膜拜，充满敬畏。其中不无道理。如

果没有太阳，世界将被黑暗笼罩，是阳光照亮了你们的生活；如果没有太阳，一切都将冰冷僵硬，是阳光温暖了你们的世界；如果没有太阳，万事万物都将陷入死寂，是阳光赐予了地球宝贵的生命。无论你的人品优劣，无论你的功过成败，太阳都一视同仁，普照大地，普度众生。

"再深入联想一下，你也能变成别人的太阳。如果你能像她那样始终如一地善待旁人，给予他人光明、温暖与关爱，你便能化为人类的太阳，给你的周边带来无限活力。

"高悬于苍穹的太阳为你们的星系创造了一个光芒四射的能量场，众多星球都围绕其运转。或许你不知道：在你身上也有一个发光的能量中心，那就是你的初心，你内在的太阳，你的本我——不必拘泥于用词。你身上这个充满智慧的能量场一直在耐心地等待着，等待成为你生命中最重要的舵手；成为引领一切、带动周遭绕其运转的中心。

"为什么不现在就下意识升起你心中的太阳呢？方法其实很简单：例如：只要你对今天遇到的每一个人、每一只动物、每一株植物都报以亲切的微笑和鼓励的目光，他们便能从你身上体会到非凡之处，感受到你内心的阳光。"

"为什么不呢？"我暗想着，为自己今日即将去照亮邂逅的首个路人而兴奋。

启示

太阳每天都会重新在地平线上升起，而人类也能让自己心中的太阳日日照耀。

第4日　鸡鸭或鸟群的领袖艺术

　　昨晚我们在一座散发着干草芳香的旧谷仓中过夜。一大早我便被无数母鸡的"咯咯"声吵醒。透过谷仓墙板的缝隙，我看见了正在外面等候我的玛特拉。

　　几分钟后我来到她身旁，她说："你有没有观察过自然界中多种多样的领导方式？看看池塘里的鸭子吧！看见了吗？鸭妈妈在鸭宝宝的前方游着，用带路的方式领孩子们向前游。再来看看屋后的母鸡。看见了吗？母鸡则待在小鸡后面看管她的孩子。如同今天许多非洲部落首领一样，在参加重大仪式时并不像你们常见的那样抢在前面，而是让他们的民众先行。

　　"或者再来仰望这些刚从我们头顶掠过的庞大鸟群。每只鸟都可以成为领袖，每只鸟都可以带头改变航线，其余整个鸟群便会迅速调整方向跟随其后。

"如何才能做到这样呢？现在，每只鸟都与他的邻居保持一定的距离，以便随时根据鸟群的整体形状以及能量场调整他们的飞行方向。

"如果有只凶猛的鸷鸟想接近鸟群，某只鸟一旦发觉就会改变飞行方式，整个鸟群便迅速聚成密集的一团，有时还将敌人包围得密不透风，令其无法展翅而坠落。

"再举个例子：看看西边那些灰鹤，他们并不是凑成一团飞翔，而是排成整齐的'人'字形队伍，由一只带头的灰鹤领航。万一这名头鸟体力不支了，另一名成员就会取代他的位置，原先的头鸟便会排到后面。你听见了他们的啼鸣声吗？那是他们在鼓励头鸟保持速度。另外，如果有成员意外受伤，其他鸟儿会伴随他一起离开队形，为他护航至地面。他们会始终陪伴着他，直至其完全康复或者不治身亡。

"你看，领导的形式如此多样。与动物相比，你们人类并非依靠本能驱动来处理事务。你可以自由选择最适合的领导方式，根据情况的紧要性与特殊性去领导别人。你既可以自己走在前面，也可以让别人走在前面，还可以走在旁边，或者让其他人来共同参与决定，等等。这些都是你领导别人时要牢记的。做领导并不存在某种唯一最佳的方式，而需时刻因人而异、因地制宜。其前提在于你能否灵活应变。如果总是使用同一种领导方式，那便和动物的专制行为没有区别。因此你要始终记得你是人类，记住你有创造自由的能力，记住你可以有多种选择。最终还得靠你自己随机应变。"

启 示

　　动物们**不拘一格**的领袖风格以及更多本领都可供人们借鉴。

第5日　杂树林与人类社会

昨晚我们为躲避愈刮愈烈的狂风而藏进了一块抽穗的麦田中。清晨，空中低云密布，偶尔有和煦的阳光短暂投射在我们的面颊上。

玛特拉奇异地掩在一丛深绿色的云杉树枝中，我注视着她，却难以辨认她的身影。忽然她用枯木般的手指指着附近的树林，格外激动地叫道："来啊！快起来看看这里，这单调的树林几乎只剩下一类树种：云杉。真是太遗憾了，这是你们人类出于单纯的经济利益而人工栽培的树林。为了让这些树尽快长高，你们就加大了种植密度。因为每棵树都只能拼命向上汲取阳光，所以你们就能在短期内得到更高、更直的树木以完成各类木艺品。而我亲爱的树木们却遗憾地因为你们的干涉而无法正常生长。我问自己，你们对森林，对树木，以及对你们人类自己的同情心在哪里？

"好好听我说：任何一种片面单一的文化都将逐渐衰败及病变，并最终提前走向灭亡，一定要铭记于心啊！

"充满智慧的大自然一直在尽力创造最为多元化的世界，以求激发出万物最大的活力、能量以及耐力。她让她的生物们并非呆板地排队生长，而是让他们多姿多彩地交错混杂。

"你往身后看看！"玛特拉笑着松了口气："那里可以看到一片健康的杂树林，有长形、球形，有针叶林、阔叶林；有些植物只是浅浅地附于地表，有些则深深扎根于泥土之中。所有这些植物完美地相互补充，相映成趣。通过各自不同的形状与根植方式，他们巧妙地分配了阳光、空气和土壤，创造出和谐的生存空间，令每棵植物都能以自己独特的方式健康成长。看吧，这些树木是多么魁梧健壮！只要有五种不同的植物就能构建出一个和谐共存的林木生态群，种类越多就越好。

"同理，对于人类社会而言，你们的家庭、企业、民族也需要构建在多元的基础上。正是这种五彩的多样性将丰富你们全体的生活，让它最大限度地活力四射，而不再是平均主义和片面发展。你能帮助推广这种多元概念吗？"

启 示

自然界一直都在尽最大可能创造百花齐放、百家争鸣的多元环境，以保持她的生机与活力。

第 6 日　人类机体

短暂休息了一会儿，我察觉到玛特拉正仔细审视着我，她那友善的目光好像要将我整个人穿透。随后她由衷地赞叹道："你们人类的身体太奇妙了！真是造物主巧夺天工的杰作。每个器官都如此完美地配合，实在令人惊叹！每一秒，大自然都用她无穷的智慧在你们体内创造着叹为观止的和谐。每一处都有其妙用，没什么是随意凑合的。

"举例而言，你的心脏、肝脏和肾脏各自处于特定的部位——每个器官都在你的身体里恰到好处地各居其位，每个器官都服务于整个身体，令你成为人类。没有哪个器官是独立工作或者凌驾于别的器官之上的。它们为了统一的目标而共同协作，相互补充，绝不多余，连最微小的细胞都同样重要。

"为了让它们有组织、有活力地完美合作，你们自己根本无需做什么。大自然早把一切都为你们设计好了！你们只要不去破坏就行。

"但是也有生病的机体，他们整体运转看上去不再和谐。比如有的器官过于卖力工作，或者有的器官没有能力完成自身的任务，那么整个机体都会受到影响，最糟的情况是全体崩溃。

"病变的起因都是由于身体器官失衡造成的。不仅对于自然界有机体如此，对于由家庭、企业、民族组成的人类社会也同理。就好像如果失去经济、生态、民意的和谐，会间接导致整个地球机体的病变。我不是危言耸听，她事实上已经伤痕累累，濒临险境。

"希望你自觉自愿地成为整个地球大机体、整个太阳系巨型机体中一个健康的器官。你并非无足轻重，你用自己的方式可以影响到整体的发展。你终将意识到，你的生命愿意并能够为此做出这样的贡献。"

玛特拉用无比慈爱、期待与耐心的目光注视着我……

启 示

　　健康的机体建立在全体器官及相对应元素和谐配合、共同运作的基础上。

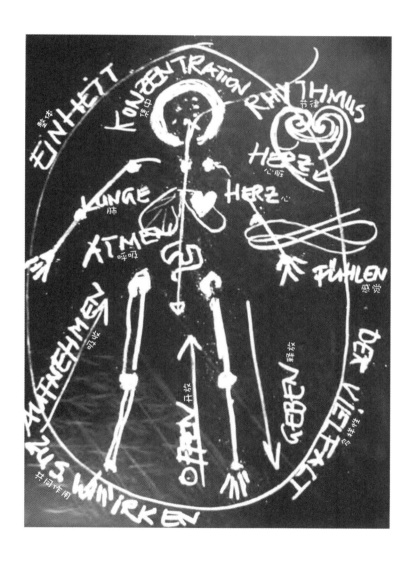

第7日 火、气、水、土以及人类的创新

今天，我们在散步时路过一块正在燃烧的木头。不可思议的一幕发生了，玛特拉竟然在那熊熊烈焰中消失了片刻。

几秒钟后，她穿着一件缀满白百合的衣衫重新出现在我面前，用欢快的语调对我说："火、气、水、土，都是创新的基本元素。整个自然界皆由其构成，而每一种创新都可在其身上溯源。"

"这些元素和这世界的未来有什么关系？玛特拉意指何处？她究竟想说什么？"我问自己。

玛特拉立刻看出了我的疑惑："假设你希望在生活中引入一些具有前瞻性的全新的事物。比如说，你想在你的村庄引进一家自然疗法的药店，或开办一所新式学校，或者你希望你的工厂能减少生产有害物质……诸如此类的每一种创新想法，都伴随着一种如'火'的特质而开始，意即'灵感的火花'。只有当你在内心产生了足够强烈温暖的灵感之火，你才能轻松地去感染振奋自己和身边的人，共同将构想变为现实。对未来的强烈憧憬总是散发着震撼人心的巨大能量，因为'火'这种元素最能令人意气风发。但也要当心！不要因为一时头脑过热而冲昏了理智，'火'也可以很快把所有一切都燃烧殆尽。所以，开始的火花是极其重要的，如果没有它，就不可能为你的改变带来足够的能量，所有一切都将保持原样无法进展。

"有了灵感的火花之后你还需要另外的元素——气与光，即'空间'。你必须为这项创新的发展提供一个可行性空间。新事物不可能生存于狭小闭塞的环境中。同理，故步自封的头脑中也容不下创新的思维。如果你要给这个世界带来一些崭新的创造发明，那你应当邀请其他人共同参与，充分发挥集体的智慧和力量。

"接下来，你还需要流动的元素——水。你必须设法与其他人一起创造一个活跃流畅的工作氛围，以突破固化思维。'问渠哪得清如许，为有源头活水来。'就像愉悦的心情总能带来更多的流畅与灵动，而愤怒只能制造僵局。

"现在万事俱备，你还需要最终的元素——土，因为迟早有一天，你要将梦想落到实处，脚踏实地地实现它。

"所以说，你的理想从无形到有形直至成为现实，需要阶段性步步为营地推进。不要忘记，梦想不付诸行动便是空想；而反过来，没有梦想因循守旧只能原地踏步。越能做到将'火、气、水、土'的元素合理智慧地运用，你便越具有创造力。"

启示

大自然充满哲理的**创新**程序告诉人们，如何将新事物和谐而成功地引入世间。

第8日　生命的平衡

　　我们已经共同在大自然中徜徉了一整周。此刻，玛特拉正站在树林间，张开双臂，轻声哼唱着，不停在树丛的空隙中来回奔跑。当看见我正在注视着她时，她便停了下来，若有所思地对我说：

　　"对于你们人类来说，地球上处处都有相对的事物。比如卵子与精子，白天和黑夜，天空与大地，坚硬与柔软，光明与黑暗，新生与死亡。似乎整个宇宙空间都是由相对力量所构成的，就像善与恶。难道不是吗？但是如果你仔细观察，其实在自然界中存在着同样和谐的三面性，而不是仅仅单纯的两极双面。你自身便是很好的例子：从某种意义上说，你本身便是一个本我、自我、超我的结合，而有时超我则是你这个个体的中心。

　　"这个中心对每个生命来说都具有极其重大的意义，可惜你们都没有足够的重视。"

　　"您这话是什么意思？"我充满期待地问玛特拉。

"你其实每天都在相反的两极间徘徊。举例来说，一端是你精神的追求，如果你过度陷入此端，你就面临沉迷幻觉、过于自我、虚无狂热的危险。从某种意义上来说，你会变得'不食人间烟火'。拿秤盘做个比较，如果把一端向上举起，另一端就会自然因为重力的作用而下降。同理倘若你忽略了精神层面而过度追求物质，这端就会过于沉重，也会将你的视野约束于物质层面。你就会过度注重感官享受，变得利欲熏心、心胸狭窄、独断专行、物欲膨胀。

"这两极在每个人身上都不断作用着，而高明的处世艺术即为学会在两者之间来回调整，以保持生命的平衡。谁无法做到这点，便会面临身处极端并终将身不由己而陷落的危险。为避免出现这种情况，你们自身拥有一种"居中的定力"。包括你的健康状况也最大程度取决于你是否能在生活中保持平衡，不要让某端长期过于沉重。大自然自己作为整体则一直是保持平衡的，你只要环顾四周就知道。"玛特拉说。

然后她又张开双臂，时而向着天空挥舞，时而向着大地伸展，并对我抱以睿智的微笑。

启 示

生命如秤，必须随时保持其平衡。

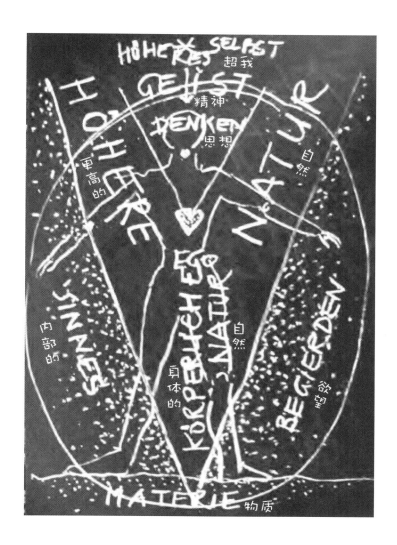

第9日 一切皆有其律

当朝阳以其温暖的光芒驱散了弥漫的雾霾时，玛特拉用她如丝般柔和的嗓音对我说："自然界中有如此众多不同的节奏：比如好似地球呼吸周期的春夏秋冬四季，或者白昼与黑夜交替，又比如你心跳的节奏。"她一边说着，一边用一根弯曲的旧木杖有节奏地敲打着地面。

"你所说的地球的呼吸周期是什么意思？"我疑惑不解地问道。

玛特拉微笑了一下解释道："你刚才在一分钟之内呼吸了 18 次，那你知道一天之内你要呼吸多少次？我告诉你，加起来是 25 920 次。这是个巨大的数字，令人惊叹是不是？让我们假设你有一位正好 71 岁的老亲戚，假设他每天只做一次'深呼吸'——在他的生命里每个早晨他都深深吸一口气，然后在睡觉的时候再呼出来。以一年计算，那他就做了365 次'深呼吸'，把他所活的 71 年乘以每一年 365 次的呼吸，得出来的数字极其接近 25 920，很奇特的巧合不是吗？

"还有，高悬天际的太阳若要围绕黄道十二宫转一圈完成一个周期，需要恰好 25 920 年，这是多么不可思议啊！

"我现在问你：'这只是简单的巧合、故弄玄虚的数学游戏——抑或是大自然在向我们揭示所有生命都必须遵循的宇宙周期呢？'你知道吗？整个自然界都有节律。万事万物，的确，世间万象都渗透着令人无法想象的智慧。古代的土著文化把它称为'上帝的呼吸'。

"包括你的生活形式都应当尽可能遵循一种健康的生活和日常节奏。因为节奏是力量的源泉。——怎样才算一种健康的生活节奏呢？"

我疑惑地望着玛特拉……

"这种节奏，即是在动静之间，在身体与精神的活动之间，在紧张与放松之间，在消费与生产之间，在群体与个体之间，在务实与幻想之间始终能保持足够的交替。这一切都会让你的心灵保持健康的呼吸。创造这种节奏是你个人的任务，而不能指望依靠自然界！所以去想想吧！今日你该如何在健康的节奏中度过？"

还没等我反应过来，玛特拉便唱着轻快的歌儿有节奏地向前跳跃着，小跑而去……

启 示

　　节奏与健康的关系如同手足般密切关联。

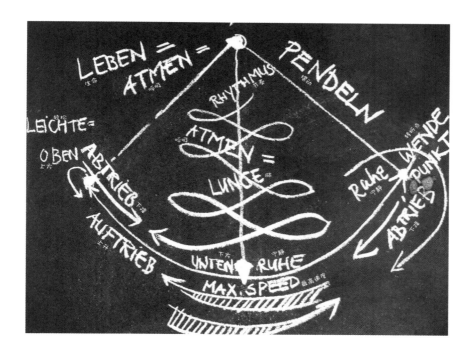

第10日　如大自然般持续发展经济

今天玛特拉带我进入了一座路边无人看管的美不胜收的五彩果园中。无数果树涌入眼帘，茁壮生长——所有的枝头都密密麻麻地挂满了丰硕的果实。在树丛边的草地上我还看见了成熟的浆果以及巨大的植物花坛。它们被五颜六色的鲜花簇拥着。

此刻的玛特拉，在苹果、梨、杏和樱桃的点缀下，看上去如此青春洋溢——多令人陶醉的一幕啊！她满足地微笑着问我："你有没有进一步思考过苹果树充满智慧的行为方式？"

没有，这一点我绝对从未想到过。

"年复一年，一株苹果树可以上百次开花结果，而不给周围环境带来任何负担或损害。相反，她的果实惠泽四方。苹果成熟坠落到地面，可以给树根、植物以及众多的动物带来养分。或者说，她造福了整个环境！

"看来你们人类并没有从苹果树或其他果树及灌木中，学习足够的智慧以升华你们的品德。你们总是不断地生产产品，增加大自然的负担或破坏环境。你们的产品大多数都很难被降解，或者降解的过程很慢，甚至需要上千年。这些产品无法成为一个可以利于他人的良性生态循环中的一部分。

"像自然一样发展经济意味着：你要给自然留有继续生存发展的余地，而不能一次性永久掠夺她，将资源占为人类己有。当某一机体由于长期的负重而无法恢复生机时，就会面临死亡的危险。想想你的所作所为，想想自己和周围环境的关系，你需要铭记这一点。

"自然界长期以来都极具智慧，所有的一切都相互完美搭配，你可以从它们身上学到很多。我相信，你们人类将开始更完善地生产和生活，能够把垃圾转变为具有价值的给养，能够持续保证正常的生态循环，能够发明更智慧的解决方案，而不是光靠豪取强夺。你难道不这样认为吗？"

我从树上摘下了一只苹果，若有所思并满怀感激地咬了一口。

启示

自然界向我们展示了，在**不损害**自己和他人**利益**的同时，如何**有效**发展经济。

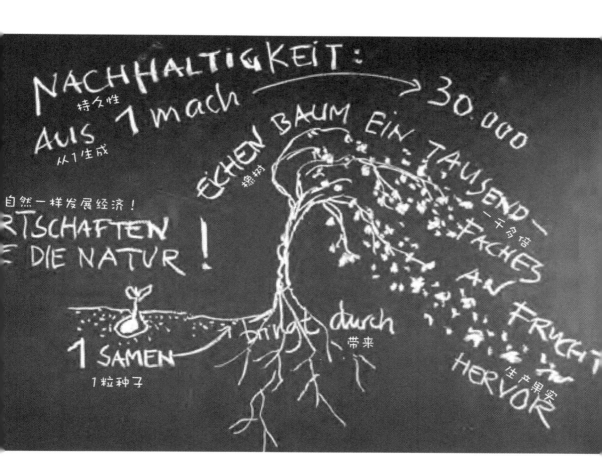

第 *11* 日　野玫瑰、心灵思索与海洋

　　将近黄昏，在今日山水迢迢的长途跋涉后，我们经过了一丛野玫瑰。她们向路边斜伸出长长的枝叶，上百只勤劳的蜜蜂嗡嗡聚集在那些不计其数的粉色、白色花朵中。玛特拉蹲在树丛前，宁静而虔诚地观察着，然后说道："如果你希望在你的生活中追寻更多的和谐、美丽或者关爱，那你就去探访一株野玫瑰吧！只要看看她们娇嫩的花瓣，她们和谐的比例：每一朵花都由五片花瓣组成，在每一朵花的中心可以看到金黄色的花蕊，就像小小的太阳一般闪烁着光芒。如果你把四肢张开，就会发现（你的身体）和这五片花瓣是多么的形似，而你的中心也闪耀着一轮红日的光芒。"玛特拉笑道。

　　"一朵野玫瑰花的形状恰好和金星每年围绕着太阳运转的轨迹相似，这不是巧合。作为离太阳最近的星球——金星，长期以来就被你们人类认为是和谐、关爱以及美丽的象征。

　　"只有当你把自己和一株野玫瑰、金星及全人类密切联系起来时，你才能够真正理解我跟你刚才所讲的一切。当你真正花时间关注他们，不光是用肉眼，而是用内心去感同身受地深思他们时，你的心就会成为一把钥匙，能够开启并洞察这世间万象。安东尼·德·圣埃克苏佩里就曾在他的《小王子》一书提到：'只有用心去看，才能看得真实。'

"比如说当你新认识一个人，你会迅速观察他的外貌、表情、姿势、动作，加之你与他交谈，然后从许多第一印象中你就能很快得出对他的个人结论。

"如果你愿意深入了解他，那你必须准备用你的内心来观察他。这意味着，你得进入他的世界，扮演他的角色。只有用这种方式设身处地进入对方，你才能打开他最深处的内心世界。这就要求你首先必须全心全意客观地从对方的角度出发，在不迷失自我的前提下，把个人的主观意识放置一边。

"同理，海洋是如此的无边无际、博大精深，如果想要认识它，必须从不同的深度和广度亲身体验它，而不只是从外面远远地打量它。只有那些亲身经历过海上风暴和晴空万里；探究过一波波的潮起潮落；观察过奔腾入海的河流；了解过海面上蒸腾的雾气如何幻化为云，继又凝落成雨；在水中与鱼儿亲密嬉戏；让浪花扑打在脸上的人，才能深深了解大海并最终与整个大海融为一体。"

启示

只有当你充满**爱心**去接纳，事物更深层的**本质**才会展现在你面前。

第 *12* 日　形形色色的鼠尾草

今日天气格外晴朗明媚，空气芬芳而纯净，我们在一条铺满石子的狭窄小径上愉悦地吹着口哨，一走便是几个钟头。

"有些日子非常清朗，人们可以看得很远。"玛特拉轻言道："但是，不管空气有多纯净，只要你能充满爱心全神贯注地去观察大自然，她就会向你敞开心扉。所以现在就让我们回去看看这草原鼠尾草吧，刚才我们从他们身边经过时并没有去关注他们。"

片刻之后，我平生第一次仔仔细细地观察了一株草原鼠尾草。

"看啊！她们的唇形花瓣多么饱满！"玛特拉说："瞧！这儿有只蜜蜂正在上面采蜜呢！鼠尾草给她提供了一个完美的着陆点，她的花瓣以最佳的形式向蜜蜂伸展着，让她们能够舒适降落，从着陆处将吸管轻松地伸入花蕊中汲取花蜜。

"快看，蜜蜂怎样用她们细细的吸管敲开了一扇'小门'，花蕊低垂，她们的背上撒满了花粉，所有的一切都如此完美地配合着！你不觉得这太神奇了吗？"玛特拉欢喜地惊叹道。

"而在南非鼠尾草上却完全是另一副场景。那儿没有蜜蜂采蜜，而是有以花蜜为食的太阳鸟。所以南非鼠尾草没有为蜜蜂准备降落点，而是为太阳鸟提供了站立点。她们因此生长出非常坚固的树枝，令鸟儿可以稳稳站住，以便将嘴和脑袋深入花心中，这样就可以尽情享用花粉了。

而北美鼠尾草又不同了。她们根本没有提供任何站立场所，因为她们不需要。她们的访客是蜂鸟。体态轻盈的蜂鸟一边在花前依靠翅膀的快速振动而能稳稳停在空中，一边用她们长长的尖嘴采蜜。为了配合蜂鸟，北美鼠尾草则'装备'了超长的花蕊。

"我想告诉你的是，自然界的生物都是用最亲密的方式相互配合的，不同伙伴间具有令人惊叹的协作方式。鼠尾草并没有等待别人来适应她，而是尽力配合其他动物，反之其他动物也因此能更好地服务于她。"

启 示

从鼠尾草身上你可以学习如何为他人服务。

第 *13* 日　珍珠贝与抵抗

当我看见玛特拉坐在耀眼阳光下的一块大石上，将几颗珍珠在双手间来回滚动，如孩童般玩耍时，几乎不敢相信自己的眼睛。她似乎没有注意到我，但过了一会儿却又冷不丁对我说："你是否也像我一样，欣喜地期待着大海？"

还没等我做出答复，她就对我讲述了一个令人惊异的故事：

"想象一下，在深深的海洋里，居住着一只牡蛎。有一天她被一粒沙子激怒了。因为它附在她柔软的黏膜上，令她又刺又痒，极不舒服。它打破了她固有的生活规律。于是，牡蛎拼命想把这名不速之客驱逐出去，她用尽了各种抵御方式，想把这个外来入侵物赶出体内，但都徒劳无功。沙砾依然顽强地留在她的身体里。

"然后牡蛎就想了另外一个方法，她开始温柔地将沙砾用自己的珍珠质包裹起来。珍珠质是组成贝壳最内层的一种成分。牡蛎长期不懈地坚持着，直到沙砾变得完全光滑、闪亮并泛着丝绒般的光彩。当初被摩擦的痛苦彻底消失了。从顽强抵抗到彻底包容，随着时间的推移，便产生了这些光彩夺目的珍珠。"

当玛特拉对我讲述这个故事时，她的眼睛泛着光彩，恰似她手中的珍珠。她热切地望着我说道：

"每个人在他的生命中总会遇到困境和挫折，在这种情况下最为重要的是，将困难不要简单拒之门外或者视而不见，而是要接受它并知难而进，甚至要为之欣喜。你应当说：'这是一个多么伟大的机会呀，又出现了一个难题，可以让我从中获取一颗珍珠了！'

"如果能牢记这点，我保证你的生活一定会变得多姿多彩，不再平庸！"

启 示

　　如果人们在生活中能**有策略**地应对各种艰难险阻，在困境和冲突中也可以获得宝贵的**财富**。

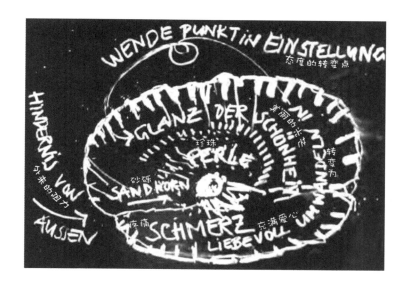

第 *14* 日　生活，一条发展的河流

今天的徒步之旅把我们带到了一条奔淌宣泄的河流前。我们在此稍作停留。玛特拉边嚼着一块硬面包边向我提了无数个问题，让我的大脑应接不暇。"你是否曾想过，你的生活和一条河流极其相似？"

"我的生活——和河流？"我一边难以置信地反问道，一边把清澈冰冷的河水灌进我们的水杯中。

"是的，和任何一条河流一样，你的生命也有它的发源地及入海口。如同每条河流都源自于神秘的地球深处，你也是从你母亲的腹中来到这个光明世界。

"如同河流在变幻的风景中蜿蜒流淌，你也在你的人生道路上辗转起伏。

"如同人们希望一条河流能够笔直奔涌但却无能为力一样，如果有人想强行将你纳入本不属于你的生活轨道，你也会加以反抗。

"如同河流灌溉着大地，你也会给你周围的人们带来精神、心灵及物质上的滋养。

"如同河流是由无数溪流汇聚而成，你的生活也由于各种经历以及遇见形形色色的人而变得丰富。

"如同河流经过障碍物会制造无数的漩涡，以彰显其英雄本色，你生命的活力及人性也会在困境中得到升华。

"如同一条河流有时湍急有时平缓，你的生活节奏也是时而进展神速，时而进展缓慢。

"如同一条河流也会干涸，你的生命有时也会面临衰竭的危险。

"如同一条河流有时会经过巨大的岩石而急坠谷底，你的生活也有可能直坠无底深渊。

"如同河流最终要汇入大海，你终有一日也将重返浩如烟海的宇宙。

"如同河流作为源头、小溪、瀑布、激流、入海口时，她在每处

都同时出现。对她及对你来说，只存在现在时！你们的每个时刻都是当下。"

当玛特拉说完之后，我从背包里拿出几张纸，开始绘图。首先我画了一条自己的生命之河。我试着将这条河追根溯源，并深入跟随她的流向。然后我画了家庭的河流、村庄的河流。最后，我还画了自己目前正供职的公司的河流。

画着画着，一轮圆月当空升起，如水的月光洒满我的全身。

启示

河流好似人生的倒影，照得见生命的悲欢起伏。

第 *15* 日　冲突中的鹰与鸽

今天天气格外明媚！阳光普照，我们满怀愉悦地漫步在山丘温柔起伏的风光中。

午后不多时，玛特拉举目仰望。她指着一大朵云彩，问我道："你看见那儿高高盘旋着的一只老鹰了吗？"

我的目光径直投向了这只在碧空中潇洒盘旋着的大鸟。

紧接着玛特拉又指着地面上一只急切寻找着面包屑的鸽子，向我提了一个奇特的问题："你究竟是只老鹰还是只鸽子呢？"

我对这个问题摸不着头脑。"你是指什么呢，玛特拉？"我疑惑不解地问道。

"让我们假设一下，你正身陷一场冲突中，摆在你面前的是两条路：一条是战斗，另一条则是逃跑。你更倾向于哪一个呢？"我陷入了思考。

玛特拉接着说：　"老鹰在空中强悍而无拘无束地战斗着，直到受伤才会退出战场；鸽子则不然，她们虽然有时咄咄逼人，但她们不争斗，对别人不造成伤害。她们常会不安地撤退，直接逃跑。

"鸽子的行为和那些惧怕冲突的人们很相似，两者都恐惧地退缩，避免产生正面冲突。惧怕冲突的人其实是认为他们无法从根本上解决问题，即使是试图解决也只是白白消耗精力；老鹰或者喜欢挑衅的人相反则全力以赴投入争端，只有在拔弓张弩中方显英雄本色。而处世之道在于，你应同时从鸽子和老鹰的行为方式上获取灵感。因为生活中处处存在差异与对立。想想看，如果没有安静等待的卵子和活跃激进的精子，就不会产生新的生命。地球生命本来就是彼此有别的，就像盐对于汤。关键在于你如何看待差异，你是否能有建设性地处理冲突。中庸之道即在于：既非挑衅，也非逃避，更非消极妥协，而是一种全新的解决方案。

"另外，如果一只老鹰和一只鸽子之间弥漫着火药味，鸽子会如你所料以最快速度逃走；如果是两只老鹰兵戎相见，那他们之间必然要残酷地斗个你死我伤，才能最终解决争端；如果两只鸽子间发生了冲突，那她们只会大眼瞪小眼面面相觑，直到其中一只灰溜溜低头认输为止。"

启示

老鹰**挑衅**，鸽子**逃避**。而人类应根据实际情况在两者之间选择解决争端的艺术，或开辟一条全新的**建设性的解**决之道。

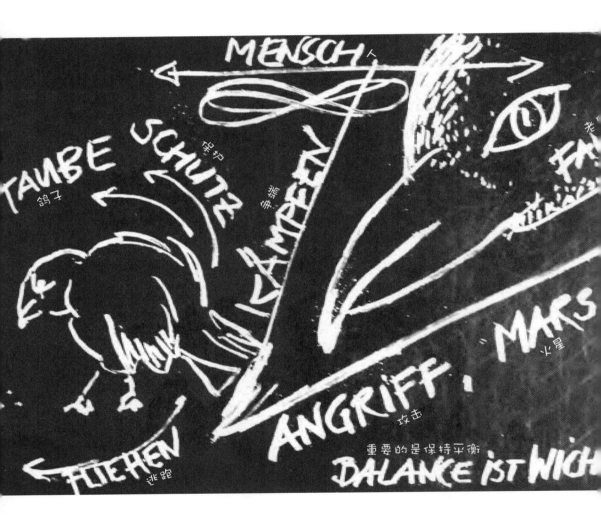

第 16 日　王者气魄的山川

今天我和玛特拉一起登上了一座雄伟的高山。在攀登的过程中她问我："为什么你们人类一直以来都对高山敬仰不已。为什么你们能从他们身上获取强大的能量，为什么当你们仰视巨型山脉时，通常会用'如王者般伟岸'这样的溢美之词来抒发你们的感情？

"是因为王者通常富有权力和力量，人们对他们敬畏之心如高山仰止；还是因为王者头上所戴的皇冠恰似如天线般直插云霄的陡峭山峰？"

像往常一样，我又一次无言以对……

她微笑着接着说道："山川如此壮丽神奇！亿万年来，他们沉默不语，纹丝不动般伫立于此，时常被厚厚的云层所笼罩，也历经风雨的洗礼和阳光的暴晒。似乎没有什么能够影响他们。只是经年累月，以你们人类用肉眼无法察觉的速度，极缓极慢地改变着自己的形态。难怪他们对你们来说是永恒不变的鲜明象征。

"然而，山川不仅具有能提升整个周围景物的能量，而且也能振奋你的情感世界。当你登上一座山峰时，你会觉得自己与神明们更加接近了，因为大山好像把你和天空紧紧相连。这种感觉也是由于他的高振荡能所引起的。因为你的身体原本就充满震荡波，这种高能量会与你最深层、最隐秘的自我进行对话。简单说来，频率越高，声音就越大，你就越能强烈地感觉到这种声音回荡在你的脑海上空。"

几个小时后，我们终于来到了山顶，极目远眺，玛特拉轻声说："你现在可以如雄鹰般从这个角度俯视世界，而不再如井底之蛙般只能看见自己面前的东西。这对你岂不一直是至关重要的？

"另外，高山还象征着无法逾越的障碍，象征着你在工作和生活中所遇到的困难。如果有一天你再陷入这类困境，脑海中翻江捣海乱成一团，那我建议你照下面的说法去做： 抽身而出给自己放个短暂的假期吧！带上你的必备物品，开始一场说走就走的旅程，只要有可能，就去攀登一座离你最近的高山吧！他强大的能量一定会赋予你更开阔的视野和全新的生命力！你便能重振旗鼓，有能力登上不凡成就的高峰。"

启示

　　人的生命如同那些高峰与低谷，在不断的起伏中绵延。

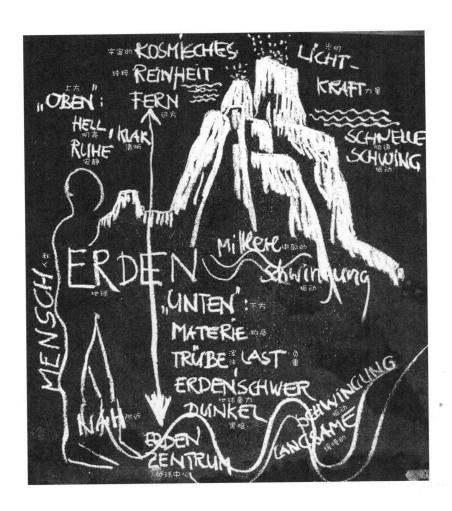

第 *17* 日　关于"蜜蜂的温情"

我今天走路时一直远远地落在玛特拉之后，当我重新赶上她时，几乎不敢相信自己的眼睛：玛特拉的整个脑袋被一群嗡嗡的蜜蜂所包围，只能看见她那双蓝眼睛和她微张着的嘴。她小心地蠕动着嘴唇，开始说话：　"你知道吗？在蜜蜂的王国里生活着数千只蜜蜂，共同的目标将他们团结在一起：维系群体生命，保障后代安全。为了实现这个目标，几百万年来他们发展出一套完美的分工系统：　每只个体蜜蜂都为集体而工作，无私地奉献着自己。"　在她说话的同时，蜂群始终围着她的脑袋发出嗡嗡的蜂鸣。然而玛特拉镇定如故。

"对于你们人类来说，目前也存在这样的问题，如何在日益全球化的世界里共同生存。难道不也要求每个人都更加卖力地为全社会作出贡献吗？难道这只是蜜蜂们的守则吗？伴随历史的进程，你们人类的工作也是从只为自己解决温饱而逐步向更广阔的社会分工发展。在一个建立于不同分工基础上的经济社会中，人们不能只为自己工作，只有人人为我、我为人人，才是合理的。

"不同于蜜蜂由其高度的聚集本性所驱使，在未来的世纪里，你们人类将在讲求分工的经济社会中更注重人情味。这需要在所有的社会群体间建立更为公平的利益分配制度，比如在生产商、贸易商和消费者之间，需要建立一个能让各方坐在一起讨论的空间，交流他们的愿望、想法以及问题，然后寻求对各方最好的解决方案。这样就开始有人情味了，比仅仅为了分工而聚集在一起更有意义，因为只有对身边的人真切关注，人间才能温情长存。

"今天你们的许多企业还在宣布，一家公司的主要任务就是赚钱，获取经济利益。满足员工的需求也只是实现这个目的的手段。企业家们相信自由的市场经济，即不同企业为满足消费者愿望而进行相互竞争。他们相信这种无形的市场机制代表了消费者的利益，可以提升大众的幸福指数。

"然而，如你所知，这种无形的市场机制并不总能调和一切。这时就需要国家和团体出面解决现有的社会和经济问题。而这些问题企业家们并不觉得应该由他们来负责。

"蜜蜂生产的蜂蜜，一直以来被认为象征着智慧、关爱以及凝固的阳光。希望你们的国家能流淌着更多的牛奶和蜂蜜，希望你们的经济也由更多的关爱和智慧所主导。"

启示

　　蜜蜂的可贵之处在于为**别人**而生，他们具有**服务大众**的强烈**本能**，即"人人为我，我为人人"。

第 *18* 日　集大成者银杏树

今天玛特拉向我展示了一种我以前从来没有留意过的特殊树木。

"这是一株银杏树。"她充满虔诚地说道："这种树种起源于中国，今天种类遍布世界。它属于进化学上最古老的一种已知树木，有超强的耐力。我给你举个例子：

"如你所知，第二次世界大战快结束的时候，日本被原子弹所袭击。1945 年，广岛和长崎有 30 万人死亡。动植物都已灭绝，烧焦的土地上寸草不生。唯一例外的是：有一些古老的银杏树顽强地存活了下来。这令人难以置信。后人惊奇地观察到，下一个春天来临时，在完全被摧毁的环境中，从焦黑的银杏树干上，居然冒出了崭新的嫩芽。

"银杏还能抵御细菌或者菌类的入侵以及火烧、烟熏、城市里的工业盐以及无线电波，它们究竟是怎样做到的呢？"

我皱着眉头，疑惑不解地看着玛特拉，因为我不知道答案……

"告诉你吧，"她说："银杏树身上集中了不同星球的特殊品质。火星的冲击力，最能体现在橡树身上；木星的形成力，强烈体现在枫树身上；土星清晰的结构，你可以在所有的针叶树木上找到，比如说云杉；金星柔软的可塑性，体现在桦木身上；月球的再生能力体现在樱桃树身上；水星的统一力，可对应榆树；太阳的温暖光明以及阳刚之力体现在白蜡树身上。而银杏树则集上述所有特点于一身。另外，她还是针叶木和落叶木的集合体，你只要看看她的叶子就知道了。她的形态尤为多种多样，由许多组合排列的针形构成，因此她也汇聚了阳性的刚直及阴性的圆润。

"就像我曾经多次提到过的一样，我再对你说一次：只有汇聚不同特征，集各方之力于大成，才能增强个人、群体或企业的活力，生命力才能更完美地绽放。"

启 示

银杏的生命力如此**顽强**，因为她作为生物，最大限度地集**不同特性**于一身。

SONNE
太阳
STRUKTUR
结构
MOND
月亮
RUND
圆形
STRAHLIG
发光的
FÜLLIG
丰满
柔软性
WEICHHEIT
KRAFT
力量
IMPULS
灵活性
FLEXIBILI
GINKG
银
NADEL-
针叶木
ERDE
地球
BLATT BAUM

第 *19* 日　地球，有生命的生物

今日傍晚，玛特拉安静地蹲在地上，用她的手充满慈爱地抚摸着大地，似乎停止了思绪。随后她又一次向我吐露了一个大自然的惊人秘密。她伤感地叹息着，开口轻声说道：

"许多人以为，你们所生活的地球类似闪着微光的蓝色水滴，上面有着几大洲，是一个没有知觉的物质，一个在浩瀚宇宙空间中的悬浮物。他们还认为，在自然界里所能观察到的所有规律，都纯属巧合而已，并非由一种充满智慧的大自然的力量而形成。"

她一边说着，一边让深色干涸的泥土慢慢从指间滑向地面。

忽然间她提高了声音：

"可是有这种想法的人其实是错了！地球是一个有生命、有活力的生物，你们所有人都属于她的一部分。在你们身上所有的一切，在地球这个巨型有机体身上，也都能找到。

"你看西边的山脉，那便是她的巨型骨架中一处极微小的部分。

"你看那小溪——溪水在地表及地下缓缓蜿蜒流淌，难道不类似你们的血液循环系统吗？

"想想那些不计其数的湖泊，她们便是地球的眼睛，地球用其寻找光明。

"通过观察云层和天气的变化，你便能感知她不同的情绪状态。有时开朗，有时忧郁，有时心情如阳光般灿烂。

"回想一下四季的变化，你可以从中感受她鲜明的呼吸节奏。冬天深深地吸入，夏天缓缓地呼出。

"当你漫步在林深树茂的森林中，你便是走在了保护她那敏感肌肤的幽密毛发中。

"同你一样，地球也拥有极其敏感的心灵和智慧的头脑。

"你是生活在这一生命体上的一种生物，如果你想多认识了解自己，就去观察研究地球吧，你会发现许多有关自己的惊人秘密。"

启 示

你在人类身上所能发现的一切，在**地球母亲**身上也都能**发现**，反之亦然。

第 20 日　莲花的秘密

穿过幽暗的树林及明媚的草地，今日的远足结束后，我们坐在了一堆温暖的篝火前，愉快地享受着黄昏舒适的氛围。玛特拉向我描述了一种在遥远国度里的神秘花朵。

"在离这儿非常非常遥远的地方"，她说："生长着一种植物，那里的人们管她叫'莲花'，并将她视为圣物。也许你从没有见过这种花，但她独特的形象是人类社会中最古老、最具深远意义的象征之一。

"这种神奇美丽的莲花只不过生长在淤泥污水中，夜晚来临时，她们合上花瓣，没入水面。破晓时分，她们会重新浴水绽放，亭亭玉立。她们的花朵精美绝伦，与阳光融为一体。

"她们身上还有一种非常特殊的品质，正因为如此，此花才极其令人向往。

"尽管莲花通常都生长在泥泞污浊的死水中，可是她们却出淤泥而不

染，散发着纯净圣洁的光彩。因为她们的花瓣均由细小的鳞片组成，上面纤尘不沾，没有什么可以玷污她们的美丽。

"出于这种原因，人们把莲花视为圣洁的象征，并将此视为自我深处的神秘映像。她们告诉你们，即使在最不利的环境中，也可以让自身的美丽绽放流光溢彩。"

玛特拉热切地望着我，继续说道：

"想象一下莲花这种生物，尤其是当你在生活中遇到逆境时，她们可以成为你的榜样，让你在艰难岁月里跨越险阻，超越自身的痛苦，依然能够神采飞扬地去面对你的环境。然而你必须像莲花一样做好准备，每一天都从淤泥中重新振作，净化自我，将你的绝美花瓣盛开绽放。"

启 示

　　莲花是一种**象征**，她可以帮助你的内心在艰难困苦中奋发图强，绽放你真实的美丽。

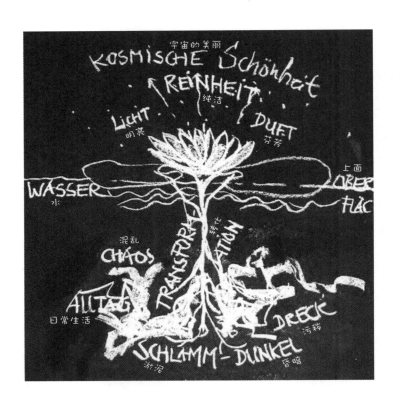

第 *21* 日　播种与收获

今天我们赤足穿过了一片巨大的玉米地。在火辣辣的阳光中走了很久后，我们为终于可以在这些高大植物的树阴下漫步而高兴。

玛特拉对我说："每位农民都知道，当他撒下了玉米的种子后，就不会收获土豆。种瓜得瓜、种豆得豆。每个农民都知道这条千真万确的法则。

"他从经验得知，自然界有其规律和智慧法则，因此每粒种子都只能生长出相应的植物。山毛榉的种子长出榉树，苹果核能长出苹果树，橡子长出橡树，葵花籽长出向日葵。

"你觉得人生又是如何呢？你是不是认为现在你的所作所为也都会产生相对应的结果呢？"

我很高兴玛特拉没有期待我的回答。

　　她接着说：　"我告诉你，一分耕耘，一分收获，这不仅是针对农业生产。

　　"就好像回音必须传回那样，你在森林里呼唤出去的声音，如你目前的所作所为，迟早都会像相应的回声般传回到你的身边，也许是今生也许是来世。或许你认为这根本不可能。

　　"你想在生活中播下什么种子或留下什么足迹，完全取决于你自己，你本人对此负有全责。"

　　玛特拉说完时，我们已经来到了玉米地的尽头，眼前出现了一大片绚丽多彩的野花。我思考着，当我回到家乡时，将怎样重新规划我的人生，我将积极从事什么，我将不再蹉跎什么。

　　我自然还想到了世界各地人们千差万别的生活条件和各不相同的命运。不管是什么原因造成了这样的结果，我对自己说，我也有责任为创造一个更完美的世界作出自己力所能及的贡献。因为，我如何去面对这个世界，我在这个世界中扮演什么角色，始终取决于我自己。在我身上所降临的一切，也许会有多种原因，或许某种情况下真可以追溯到很远以前，远远超过我目前有限的认知范围。

启 示

一分耕耘，一分收获。

第22日　宇宙的生命之树

在第 22 天，玛特拉忽然急匆匆拉着我的双手，把我引到一片广阔无边的草地面前。草坪刚被修整过，非常平坦。她让我照她的要求闭上双眼后，才开始说话：

"想象一下，在你面前几米处，有一棵非常古老的参天大树，它的枝叶直冲云霄，它众多的树根深扎于泥土之中。你只需想象，你是这树根的一部分，你从土地里吸取生命必需的养分，并运输到高大粗壮的树干、弯弯曲曲的树枝以及沙沙作响的树叶。你为大树的繁茂生长贡献了自己的一份力量。"

我静静地站着，闭上眼睛，想象自己成为了树根，同时也想象着那整棵由我来运输养分并同时供给我营养的大树。

片刻寂静之后，玛特拉继续说道："现在再想象一下，你是一棵更为粗壮的大树身上那更为庞大的树根中的一部分。每一个地球上的家庭，都会组成一支树根，所有的家庭一起共同供给这棵参天的人类之树

091

养分，你和你的家庭都是这树根的一部分。"

我又重新陷入了想象，想象上百万家庭之根为这棵大型人类之树提供养分，想象我的家庭和我自己怎样成为这参天大树的一员。

然后玛特拉又让我想象一棵比目前为止我所想象出的所有大树都更为宏伟壮观的巨型大树。

"你现在再想象一下：有一棵巨型的宇宙之树。为其提供养分的，不仅仅是地球上的家庭之根，而是更有众多星球之根。地球和所有其他太阳系中的星球共同为它组成了巨大的树根群，你和你的家庭，只是地球之根中的一部分。"

于是，我再次试图把我的视角最后一次放大。

"想象一下，现在有一棵生长在整个宇宙中的大树，它的根由所有亿万银河系星球所组成。你与你的家庭，连同所有人的家庭，以及地球上的全部生物，加之银河系浩瀚星空中所有星球上的生物，你们共同为这棵生命之树——整个宇宙生命的大树提供养分。"

当玛特拉将她这段"奇谈怪论"说完后，我闭着眼睛，安静地站在这广阔的绿草地上，感觉到她正用那潮湿微滑的双手轻轻抚摸着我。我觉得自己在这一刻真变成了一个大得无法形容的宏观世界中微乎其微的一部分，但同时又是重要的一分子。

当我重新睁开眼睛，听见她喃喃自语道："就像所有根蒂与树干都一脉相承，你与全人类、与地球上所有生物、与整个宇宙都是紧密相连着的，如果你们每个人将自己的个人魅力、才能、天赋和作为，有意识地积极献给世界，那么宇宙将会变得更美好、更多彩、更壮丽。因为每个人都在为宇宙生命之树的兴旺繁荣而出力：人人都为它提供养分，人人都是它的一员，人人都为它贡献着自己的力量。"

你们两者的生存发展相互之间息息相关。

启 示

　　生命之树是最伟大的鲜活的艺术作品，它不断向前发展，我们全体都必须积极参与其中。

第23日　光彩夺目的彩虹

昨夜大雨倾盆，一连下了几个钟头。早晨的天空依然被大片阴云所笼罩，忽然间，一道美不胜收的彩虹在我们头顶上升起。玛特拉格外兴奋，欣喜地告诉我，这五颜六色的彩虹实在太奇妙了！

"彩虹是由于阳光在云朵里通过不计其数的小水滴折射而形成的，每一滴水滴都好似一个三棱镜，整束阳光折射在上面，被分解成不同的光谱颜色。大自然神奇的造化是多么不可思议呀！"

我们共同为眼前这难以形容的美丽奇观而惊叹不已。

"你也可以让你的灵魂如彩虹般散放光芒，你只需要阳光和一个透明物，能让光线在里面折射。"

我疑惑不解地望着玛特拉。

"关于阳光你不必发愁，所有你内外的空间里都充满了阳光。你需要做的只是要能够让阳光像穿过清亮的水珠或棱柱体般透射你。只有当它在你内部发生完美的折射，你才能像彩虹般绽放出五光十色。"

"这是什么意思？我不能理解。"我对玛特拉回答道。

"现在，你可以试着去成为一枚'人造三棱镜'。它由你的三种能力所组成，即你的思想、感情、愿望结合而成。

"当你将你的所想、所感、所愿以及所为协调一致，你就能像我们面前绚丽夺目的彩虹般散发光芒。你在天空和地面之间也架起了一座五彩缤纷的桥梁，令人们为之欢欣鼓舞。只要你的那个小我不要从中挡道。"

顿了一会儿，玛特拉继续说道："我知道，你一直梦想着能将某些愿望变成现实。但有时却缺乏行动力去实现它们。有时，你也会追随别人的意见，去制订这样那样的目标。但你在内心深处，却更希望走上另外一条道路。因此，你应当始终下意识地将你的思想、感受、愿望和行为统一起来。我知道，这是一项没有止境的人生课题。

"在自然界中你也不可能每天都能看到彩虹，但是有些时候他们会出乎意料地突然凭空出现，仿佛是上天馈赠人们的礼物。对你也同样如此。相信我！在这样的时刻里天地合二为一！随之而来你的头脑将会睿智无比，你的感受将会美妙非凡，你的愿望将会充满力量！"

启 示

　　彩虹是天地之间一座光彩夺目的桥梁，人类也可以如此。

第24日　关于人生之雾

今天，接近中午的时候，天空出人意料地漫起了弥天大雾。我们只能看见几米开外的地方。四周越来越阴冷幽暗。我充满了不安全感，甚至有些恐惧。

"在大雾中"，玛特拉开口道："人们很容易迷失自己的方向。所有在光线明亮的屋子里清晰可见的事物，在大雾中都会变得扑朔迷离。你迈动着你的双足，却不清楚前进的方向。

"同样我们日常生活中也总会出现迷雾重重的境遇。你的视野不再清晰，也不知路在何方，你原地转圈，充满绝望。也许出于恐惧，你只能原地不动，僵成一团。阴暗的情绪袭满你的全身。在光线不充足的情况下，你的阳光被驱散，你感到自己再也看不到'太阳'。

"然而每一个充满雾霾的角落在时间和空间上都是有限的，因此，你可以有多种途径建设性地面对它。

"有一种可能性就是你只要耐心地等待一段时间，直到雾霾自己散去，直到阳光重新照耀你。

"另一种可能性则是你小心谨慎地走自己的路，相信你自己深层的声音，相信你内在的阳光。你由内而外为自己指引方向，或早或晚你都会走出迷雾重见光明。

"生活的迷雾也会让你明白，你比平日里更有可能去更深入全面地感受世界，因为正是由于你被迫放慢了脚步，迷雾才能让你从容淡定地品味生活。"

话音刚落，大雾转眼间飞快地烟消云散了，我们继续漫步在清朗和煦的阳光中。

"现在，当迷雾散去之后，"我想："我更加珍视阳光所赐予的力量与温暖了。"

启示

当内心的阳光足够强烈，便可以驱散所有的雾霾。

第 25 日　蚂蚁的集体智慧

第 25 日这天，玛特拉带领我走到一片空旷的树丛间，在那儿她向我展示了自然界的又一奇迹：一大群蚂蚁。

"你看这些蠕动着的蚂蚁！还有那蚁群温暖的颜色！"她十分激动地说着："在这个王国里生活着上百万只生物。"

"如同你们那些人口爆炸的大都市，蚁群们也面临着巨大的物流难题。它们同样必须一刻不停地运进给养，输出垃圾。给上百万工人提供食物，并在正确的时间送到正确的地点。只有当全国上下完美和谐地组织起来，整个蚂蚁王国才能有效地运作并生存下去。

"和你们人类不同的是，这里并没有中央集权来管理，每只单独的蚂蚁个体都是由一种集体的智慧本能、一种与生俱来为全体服务的天性所驱使。

"比如说，当一只蚂蚁去寻找食物时，它一开始并不知道食物在哪

104

里，纯粹靠碰运气去寻找一处新食物源。一旦找到，它就会带上一些食物并踏上归途，边走边会分泌出一种特殊的芬芳物，从食物源头开始一路做上标记。其他附近的蚂蚁就会根据香味而同样找到这个新的食物源。越来越多的蚂蚁涌上这条新路，这里的芬芳物便源源不断地聚集起来，整条路也变得熙熙攘攘，热闹非凡。而那些缺乏芬芳物的道路，则慢慢自动被遗弃。因此，在蚂蚁们身上存在着一种'集体的智慧'。

"试想一下，你们将来能把人类的集体智慧更加深入地运用起来：比如在大中小学里，如果学生互相间或与老师之间能够共同交流探讨有意义的话题，那种光是由老师单方面在讲台前对牛弹琴的情形便会减少，而学生间相互学习及共同学习的效率将会明显提高。

"你们的网络还将起到这样的作用：把全人类的知识有针对性地汇集起来，使你们能对未来研究领域更好地进行风险评估。你们会越来越有效地学会如何将世界各地的人们共同联合起来，一起寻找解决问题的方案。你们今天还相当流行的各自为政的'竖井思维'一定会被更先进的思维模式所取代。"

启 示

　　自然界向我们展示了，充分运用**集体**的智慧能带来更多、更好的**解决方案**。

第 *26* 日　蝴蝶与进化

今天，我们经过了一株绚丽怒放着的醉鱼草：它那紫色的花穗在微风中来回摇摆。我忍俊不禁地看着一只彩色的蝴蝶停在了玛特拉被晒黑的鼻子上，好像在享受她的芬芳。

玛特拉今天看上去又显得格外年轻。当她开口说话时，周身散发着强烈的青春活力："不久前我曾向你描述过蝴蝶如何从卵化蝶的戏剧性转变。今天我希望你能专注看看毛虫开始结茧的这一刻。你觉得那儿其实发生了什么变化？

"现在，毛虫原有的细胞组织在黑暗虫茧的内部慢慢开始解体。随之产生新的细胞，即所谓'成虫细胞'，里面包含了未来蝴蝶的所有生物信息。已经垂死的旧细胞系统会试图将新的成虫细胞消灭，因为它将它们视为会破坏目前系统的外来入侵者。成虫细胞再度在小范围内扎根繁殖。然后，尤为奇妙的事情发生了，从某一神奇时刻起，新的成虫细胞们会获得极其强大的力量。没多久，一只色彩斑斓的蝴蝶就会自虫茧中翩跹而出。

　　"这种蝴蝶奇特的生长历程可以让你明白一些社会变迁的进程。在你们的世界里也不断涌现出类似成虫细胞的人物。我指的是那些对未来具有前瞻想法，并大胆地将其引入世界的幻想家们。而现有的社会秩序以及社会免疫系统，通常会将此类有创新思想的人物看作威胁，试图忽视或摆脱他们。然而随着时间的推移，此类'成虫细胞'数量会越来越多。现行体制越是深陷重重危机，他们将越具有冲击力。

　　"当你致力于新的想法时，有时会遭遇迎头泼来的冷水，你也许会试图放弃。而蝴蝶的进化向你展示了，一种制度的变更在一个神奇时刻之后便会飞速进展。所以要相信，终有一天，新生力量会一跃成为现实，世界也将随之而改变。"

启 示

　　毛毛虫化茧成蝶的过程，可以**增强**人们对每次变革的**憧憬**和信心。

第 27 日　来自农肥的疗愈力量

今天玛特拉异常欣喜地看见一个农庄隐蔽的角落里有一堆肥料，便拉着我的手走到近前。

"你知道吗？"她神采飞扬地说："这些农肥是由许多属于'垃圾'的自然产物形成的：比如树叶、蛋壳、厨余垃圾、树根、树枝和果实。所有这些都具有一个特性：能够在空气与潮湿的共同作用下，重新回到大地母亲那里，就像它们来时一样。农肥被人们称作'园丁的黄金'，它们可以帮助无数微生物组织在地里更好地工作，提高大地母亲的肥沃度。"

玛特拉顿了一会儿，若有所思地看着远处的树林。

"世界上最大的肥料生产源于大自然本身。你只要观察这些树木以及它们的生态智慧就能明白。树木们自己生产腐殖质，以供它们持续生长。落叶木在秋天让它们的树叶落向大地，通过冬天霜雪及春天太阳的共同作用，这些树叶就会变成肥沃的新土地。此外，那些辛勤劳作的蚯蚓会将这些落下的树叶带入泥土深处。那些树叶上所积蓄的阳光会被慢慢带入大地。这些光合产物又会对地里未来的生命起到重要作用。

"从农肥身上你可以学到一些关于你们社会生活的知识。看看你周围那些上了年纪的老人们，他们走过了他们生命最旺盛的岁月，现在正步入人生的秋天。

"可惜他们中不计其数的人被当做无用的废物随意打发回家。他们的生活成果及生活智慧很少被充分利用。对于这些老人，那些所谓的发达国家可以向土著民族学习很多。在那里，家庭和社会中的老人们仍发挥着巨大的作用，他们被称为'文化的传播者'。"

启示

　　人们需要"农肥"令生命力青春重现。

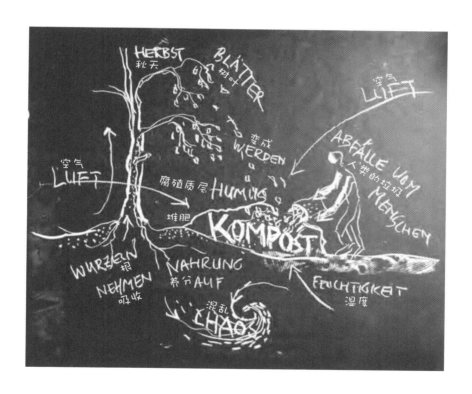

第 28 日　来自凋零

今天，玛特拉嘴角边挂着奇特的微笑对我说："自然界随时随处可见生根发芽，也有枯萎凋零；不只有春天，也还有秋天。"我很好奇她想就此对我说些什么。

"许多人随着年龄的增长，感觉到渐渐力不从心，他们觉得不再像年轻的时候那么能干了，他们希望永葆青春，或至少比现在要显得年轻。是的，他们希望生命的秋天延迟到来，因为他们个人的幸福感时常被自己的外表所强烈影响。可是不管采用什么帮助手段，你们衰老的过程并不会就此停止，最多只是延迟了一些。

"可是你们中的很多人并不知道！你们身体的发展会经历生发、盛放和衰亡的过程，但你们精神思想的发展并非如此。

"随着你们年龄的增长，或早或晚都会感觉到体力的下降，然而你们的精神和思想的发展，却有可能与之相反，更上一层楼。这是自然界一处神奇的例外。因此，你生命的高峰并非你体力上最旺盛的时刻，而是在你年长睿智的时刻。环顾你的周围，这世上到处都有一些仁慈、具有远见、富有责任感、散发着祥和、愿为他人牺牲与服务的年长者。

"而年龄的不断增长也会让你面临以下困境：难以登上精神上更高的层次，心有余而力不足，视界受到局限。所以你必须做好准备，坚持不懈地完善自我，始终不要放弃对觉知力的训练。如果不这样做你就容易或早或晚地面临以下危险：顽固不化、听天由命、愚钝无知、冷漠无情、玩世不恭或者陷入任意一种青春幻想症中。我认为：与其固执地渴望永葆青春，不如学会从容地欣赏、品味并与他人分享年龄的硕果。"

启 示

人类精神与心灵世界的成长并无边界。

第29日　人类与地球共同的生命历程

在我们第 29 日的长途跋涉中，天色渐暗乌云压境。然后不知何时耀眼的阳光不期而至，刺破浓重的阴霾，驱散了密布的乌云。正当我惊叹地仰望长空时，玛特拉意味深长地说了一句话：

"人类与地球的成长历程不无类似。"

我又一次不解地望着她，问她这其中关联的奥秘。

"人类与地球，这两者从诞生到消亡，都经历了各自的生命之旅。这个历程相对人类大概只有八十年左右，而对于地球，则漫长得多。

"作为人类，随着生命的成长，你的身体将胚胎期巨大的张力不断聚集，为了能在人生的巅峰过后缓缓释放。单纯从时间上看，中年时期正是你血气方刚身体最强壮的阶段。

"人类的青少年期类似于地球上的夏天：芳草鲜美，清香四溢。而从

120

中年以后就开始慢慢步入冬季：秋收冬藏，万物俱寂。你的人生与地球有着极其相似的呼吸节奏。

"这能量的聚集与释放也可以从你身体的成长来切身感受。你和地球都是从最初柔软娇弱的形态慢慢成长为日益强壮结实的个体，并将最终在衰亡中解体。

"在人类与地球的生命历程中，都同样要经历不同的节点与转折期，并逐渐在此过程中辞旧迎新。对于地球来说，节点是每一个新世纪的开始，人们会视此为节日而举行盛大的欢庆。你生命中的节点就是所谓的青春期或中年危机，而这些都是你重新喷发出未知能量的源泉。"

启 示

想要认识你自己，就去观察世界；想要认识世界，就去观察你自己。

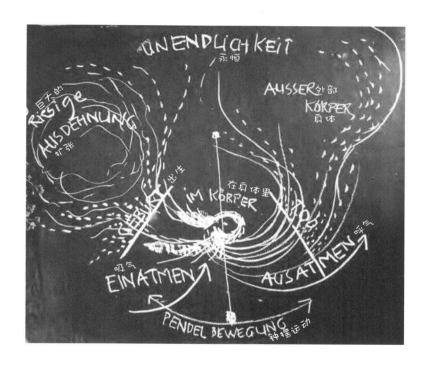

第 30 日　黑洞中的光明

这日清晨，我俩来到了一座巨大的石窟。当我们站在几乎闭合的洞口前，玛特拉开始讲述洞穴对人类的重大意义……

"千百年来，地球对于你们人类而言曾是何等神圣。每走进一处洞穴，就好像进入了地球母亲的怀抱。而重返光明世界，就好像经历了一次值得欢庆的新生。

"想象一下，当人类历经了如同在漫漫长夜般的黑暗中徘徊与彷徨后，开始可以在黑漆漆的世界里感知光明，那便是见证奇迹的时刻。但这光明并非来自外部，而是源于他们内心，这种自发的由内向外扩散的光明，可以照亮外部的世界。黑暗的力量以及内心的阳光可以帮助他们身心成长。因此，那些求知者及先知们会在洞穴中待上很长的时间，感受自己的视觉，清明自己的神智。

"因此，有一些人要在洞里闭关九天，完全沉浸在无边无际的孤独中。这九天代表了胎儿在母亲子宫里度过的九个月。

"另一些人则躺在深坑中，设身处地地体验衰亡的痛苦，通过这种感同身受的方式发掘自己的灵魂，如同感知强烈的光明。好似种子发芽的过程，他们先是被埋在黑暗的泥土中，最终破土而出，在阳光的沐浴下绽放为一株枝繁叶茂的植物。"

我感到有些不安，心里怦怦直跳，当我迎上玛特拉那坚定的目光时，一种无法言传的恐惧袭上心头。

"你已经习惯了通常在一个充满外部诱惑的世界里生活。我现在决定，明天要将你独自留在这洞穴中。正如这一古老的哲言所述：只有做好准备迎接黑暗的人，才能够感知它所赐予的和平与光明。"

说罢，玛特拉撇下我独自一人，转身离去。我双膝颤抖着不知所措。

伴随着无边无际的寂静，我在地球母亲的怀抱里不知度过了多久。时间在流逝，脑海中逐渐浮现出许多我从未有过的灵感，如同点点璀璨繁星闪烁在黑夜中……

启 示

　　"于无声处听惊雷"，在最幽深的黑暗中，你将迎来最灿烂的光明！

第 *31* 日　发展及飞跃的过程

今天我们在路上遇见了一位机灵好学的年轻人。玛特拉看了他一眼，从她的鲜花外衣中将一大团块茎变魔法似的变出了一支牡丹花。当她把花送给年轻人，他立刻问道："我怎样才能够从块茎里得到一枝盛开的鲜花呢？你是如何做到的呢？"

玛特拉温柔地微笑着说道："你首先必须把这个块茎种进地里，它很快就会长出很细小的根须。这些根须使劲钻向泥土深处，将块茎和大地结合在一起。同时，块茎的另一部分向上用劲，向着阳光伸展，然后它就会长出一枝带有树叶的茎干。看看这株艳丽的牡丹花吧！每向高处窜一窜，它也会向四周扩展，长出树叶。树干朝上伸展，树根朝下蔓延，而树叶四面散开。所有的生命都在不断地聚拢与向深处和高处的扩展中交替变换地发展着。"

"听起来很复杂啊！"年轻人说道："那么，这样一大朵美丽红花是怎样来的呢？"——"你正在探究一个非同寻常的秘密，这可不容易解释！"玛特拉回答道，带着一丝狡黠的笑容反问他："你是怎样很快从这儿到那儿的呢？"她边说边指着一米远处一块横卧的石头。

　　年轻人望着她答道："没问题，我只要从这儿纵身一跃就可以到那儿了。"

　　"你看，"玛特拉说："自然界也是如此。每当有新的事物产生，每当要到达一个更高的层次时，生命总有一个飞跃。"　"你的意思是，牡丹花也是因为内部有个飞跃才忽然产生了这样一大团红色美丽的花朵吗？"

　　"是的，所有开花的植物都有这样的飞跃。某一时刻它们会停止生长多余的枝干和树叶。它们不再制造绿叶，而利用这能量生长又大又红的花瓣。是这样的：每一个生物发展的飞跃过程，总需要很长一段时间做准备，用以迎接内部的新生儿。而这一切都是不为人所见悄悄进行着的。然后，这个新生儿会好似凭空出现般闪亮登场。

　　"如果你之前从来没有看过一朵牡丹花，那你定会猜想绿叶将一直持续生长。但其实不是这样的。忽然有一天，这样光彩照人的花朵便会出现在你面前。"

　　"这一切听起来都非常神奇！"年轻人说着一边跑向他正在花园里工作的祖父，问他，是否在他生命的历程中，也突然出现过他以前从未预料到的新鲜事。

启示

发展的过程从不是笔直线性的。对于植物、动物、人类、组织以及天体均是如此。

第32日　学习品读自然

今天我们在徒步的过程中来到一棵巨大的椴树下休息。玛特拉拿起一片树叶揉了揉并轻轻闻了闻，然后用一种欢欣鼓舞的语调说：

"如果你学会阅读自然界这本巨著，你的生活会更丰富多彩，因为你能了解到生命中许多深层的奥秘。举个例子来说……

"植物的根总体来说都是富含盐分的。当你吃红色的甜菜或者萝卜，或者喝一种由根部萃取的茶时，盐分就会进入你的身体，刺激你的思维。然而植物的花所富含的并非是盐而是油。从植物花瓣萃取的茶，对你的腹部会更起作用，而并非你的大脑。为什么会这样呢？

"我告诉你，作为人类，你和植物是相反的。植物扎根在地上，从里面汲取养分。而你的思想根植在精神世界里，你大脑中的神经则对应植物的根蒂。

"对于植物来说，果实的形成，是在花朵中，对应'上部'，而对于人类来说，则在盆腔，也就是'下部'。

"植物发芽的嫩叶则长在他们的中部，对应人类肺部的呼吸以及血液循环系统。以这种树叶制成的茶叶则对你的肺部和呼吸系统有效。

"你注意到，如果你开始浏览自然这本巨著，将会得到许多有益健康的治疗方法。当你将自然这位伙伴的语言解码，能够和她相互交流，许多意想不到的事情就会成为可能。我告诉你，在大自然这本书中学习，是一件非常具有挑战性的工作，尤其是对于 21 世纪的人类来说。我今天继续为你在这本自然巨著中朗读一章，因为我们正好在这棵巨大古老椴树的树阴下乘凉。这棵椴树的整体外形既非只是圆形，也非只是尖形，而是一种特殊的中间形状。它的树叶也同样既圆又尖。如果你仔细看就能明白，它与心脏的形状相仿。

"椴树真的是'中央之树'，即心脏之树。所以，并非偶然，椴树经常被种在村庄的中间。你们的祖先明白并更了解为什么他们会这样做。

"如果你仔细观察一下椴树的树叶就会发现，每一片树叶的形状与整棵椴树的形状，都是相对应的，你可以在自然界中以大见小并同样以小见大。"

启 示

大自然一直在不断和你们对话，只有全心全意倾听的人才能听懂她。去观察她，和她融为一体，并耐心等待她将极具价值的信息传递给你吧！

第33日　自然和生长

第 33 天我们漫步在一片摄人心魄的花野中，为她的美不胜收、多姿多彩而倾倒。

"在这些红色、黄色和白色的花海中，有一种惊人的智慧在管理这一切。"玛特拉一边说着，一边欣赏着花萼上泛着晨光的露珠。

我好奇地等待着她的解释，不知她所说的智慧是指什么。

"没有一枝花逾越一定的高度生长，它自然的高度与形状有着与生俱来的独特性。每一种耧斗属、毛茛属、金车属、红门兰属的植物内部都有一种类似'停止'的信号，以阻止它们过度生长。如果没有，植物就会无限疯长，直到整株垮掉，因为提供营养及维持生命的机能负担过重。整株植物都会倒塌，并很快走向死亡。

"对于一株生长在高山上的郁金香来说，也许它能从土地中汲取的矿物质和水分都不及生长在山谷里的郁金香丰富。因此，她的外形高度就

136

会比在潮湿闷热环境中的植物要矮小。所以，每种生物的外形总是取决于其所能获得的能量。但是，不管是在山顶还是山谷里，没有什么能在自然界中无限生长。

"对于你来说身体也不可能无限长高，你的身高到了一定适合你的程度就会自动停止，这由你身体里的大智慧来控制，可你自己并不能察觉她的指令。是大自然，以其渊博的'知识'负责控制每种生物各自最佳的形状和大小。

"无论何处，当你希望自己有所创造时，必须要对发展的界限负责。不这样做或者做得太迟，将会造成巨大的撼动甚至让系统崩溃。你的身体、你的资产、金融系统、公司、城市或者其他更多方面都会随之垮台。

"自然界里没有无止境的物质增长。只有致命的癌细胞会没有止境地扩散和生长。好好想一想，你要为物质增长做出怎样有意义的贡献？"

启示

　　自然总有其生长节制。

第34日　水和生命的循环

当我们今天来到了一口汩汩轻涌的泉水前，玛特拉一次次用她的右手舀起沁人心脾的清水，小心翼翼地让水顺着她的指尖流向地面。然后她向我讲述了水循环的秘密。

"如果像宇航员们那样从宇宙中观察地球，她看上去就像一块美妙的蓝宝石。地表的四分之三都被水覆盖，但是只有其中的七分之一可以作为饮用水。这些饮用水在全世界非常不均匀地分布着，有些人拥有非常多，有些人则非常少。你们在这个事实上处理得并不公平，所以，对于你们潜在的危险就是将来会因此引发惨痛的战争。"

这个想法深深地震撼了我。玛特拉继续说道："我希望今天给你讲述更多关于水循环的奥秘。水循环每天都被太阳重新启动，它和你的生活也同样息息相关。

"是温暖的阳光将水从江河湖海里、从地里、从生物中蒸发出来。雾气飘浮在空气中，被风吹散到地球各处，然后它们冷却凝固成云，又变成液体，并以雨、雪、冰雹等形式降落到地面，重新回到生物体内。

"你们的森林在这整个动态过程中起到非同寻常的重要作用，它们像海绵一样先将水吸附在根包部位，后来再由树干、树枝和树叶重新蒸发回到大气中。请你也为地球上保护森林的工作出一份力，因为没有森林就没有降雨。

"水循环还向你展示了，自然界里所有一切都在持续不断地运动着。通过水循环，天地被始终连为一体。

"其实不光是水，从某种意义上说，你的生命也在进行循环。"

启 示

一切生命都在以圆形及螺旋形的方式循环发展。

第 *35* 日　来自死亡

这些天我一直在暗自好奇，一路跋山涉水，穿越如此众多绝美的自然风光，为何玛特拉要在我身上花这么多时间？也许，我日后会了解到原因……

今天我们在正午炽烈的热浪中，信步走过一片种着上百株红色罂粟花的田野。玛特拉充满慈爱地看着阳光下华丽绽放的罂粟花，然后说道："生与死在自然界总是密不可分地紧密相连着。"

"你往任何地方看，都能看到有的生命正在发芽和生长，也能同时看到有的生命正在枯萎和凋零。其实你自己都没有察觉到，这些现象，都会在你心灵深处唤起奇特的思想感情。由于你的视线总是走马观花般跳跃，所以你对此根本没有真正留意。

"所以，让我们今天好好静下心来观察这朵美丽非凡的红罂粟，同时深深关注我们最内在的感受。"

　　于是，我们在草地上席地而坐，罂粟花在微风的吹拂下来回摇曳。

　　"这枝罂粟花还将绽放几日，你现在仔细地观察它，看那华丽多彩的花瓣，那带着娇嫩绒毛的茎干，以及它的锯齿形树叶。

　　"现在在你脑海中想象这样的画面：很快有一天，它将娇容不再，步入凋零。请你再想象一下：在这株罂粟花里结满了数不清的种荚，明年春天从这些种荚中又会怒放出无数新的罂粟花。

　　"对精神而言生与死只是转换的过程，没有什么会消亡，所有的事物只不过都在相互转换。

　　"当冬日降临，自然界将她所有的生命都带向地球深处，所有的发芽与结果都会从你的视野中退出；而春天来临时，所有这一切又将重新再现。"

启 示

　　尽管你在黑夜里看不见太阳，但它从未消失，并于特定的时间重现光芒。

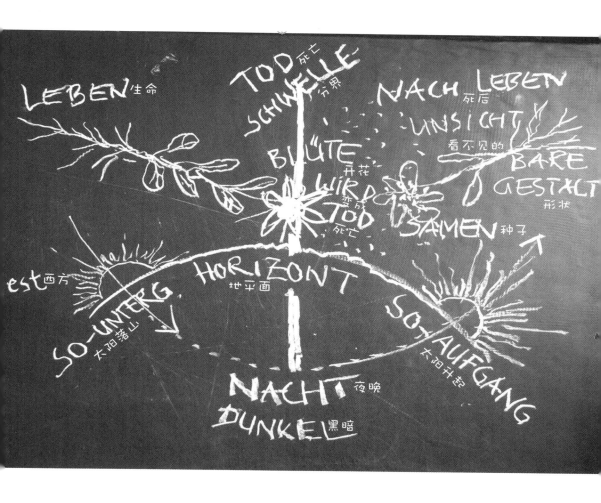

第 *36* 日　蜗牛壳与人类

　　今天我们经过了一些小村庄和两座大一些的城市。玛特拉看起来有些疲惫，她一直站着，远远观察着这些村庄，并发出轻轻的叹息声。我问自己，她这是怎么了？似乎她对我们经过的那些横平竖直的房屋设计方式有些不满。

　　然后她开始带着有些沙哑的嗓音缓缓说道："你身体里没有什么是直线或直角形的，自然界极少情况下会运用直线直角的形状，比如有些黄石矿的晶体。"然后她举起了一只大葡萄蜗牛的空壳，向我强调道："你看这些巧夺天工的蜗牛壳，难道它里面没有承载一个奇妙的生命吗？你们人类却造不出这样富有生命力的房屋，而总是造一些直角形火柴盒似的建筑，你们的思维方式也总是如此。有一位老印第安人首领曾对我说过：'自从白人强迫我们生活在直角形的房屋里，我们的文化便被摧毁了。因为我们的文化是建立在圆形基础上的。'生命中的一切都应是圆的！

　　"你们的建筑物可能有益健康，但也可能会引起疾病。如果你们想重塑生命力，那应该首先观察大自然中的生命形状，他们大多都包含了螺旋形的元素。

生机勃勃的事物总是在不断运动着的，而僵直的形态则正在消亡。如果你们的建筑形状和外形能适应人体工学的运动特征，而不是靠人类自身去适应那些与自己内在生命不相符的形状，那将是非常明智的选择。

"你的祖先对和谐融入自然具有非常敏锐的直觉，只要想想那些旧房子的拱形屋顶便可见一斑。今天的人们却生活工作在多数与他们自己不相适应的环境里。是时候该去设计发展更符合活力规则的外形及组织结构了！

"我想用小提琴做一个比喻：每把小提琴都有与她本身吻合的建筑设计，那就是弧形的小提琴盒。"

启 示

自然界是充满活力的，而人类的建筑结构却常常并非如此。

第 *37* 日　绿化沙漠，创建绿洲

　　我忽然发现玛特拉是赤脚走路的。之所以直到今天才注意到这点，也许是因为她那过于夺目的鲜花外衣，也许是因为我自己太缺乏观察力。当我们路过一片干涸的湖泊时，她开始向我讲述关于这世上沙漠的话题。

　　"在撒哈拉沙漠一些岩石的壁画上，有大象、犀牛、棕榈树林和游泳者。这些岩石在很久以前曾躺在海岸边。撒哈拉并非一直是沙漠，它曾经有过茂盛的植被。沧海桑田，一切都在自然界中慢慢改变着。

　　"目前地球每块大陆上的沙漠都在扩大。你可以在以下地区观察到这种情况：撒哈拉以南地区、中亚咸海以及中国的戈壁沙漠，还有欧洲的地中海区域，地球的温度在上升，极端天气如沙尘暴、干旱等日益剧增。对于那些以农业生产为主而受到荒漠化威胁的地区来说，意味着生活在那里的人们收成和收入的减少，以及营养供给和饮用水的缺乏。后果将造成饥荒、贫困、疾病、迁移以及因饮用水短缺而引起的争端。受这种沙漠急速扩大的情况影响最大的首先是最穷困的人。而你们人类对于这种恶化的加速则起到不可推卸的责任。即使是你本人，也同样在大量消耗着这些无法再生能源，加速着沙漠的扩大化；更不要说农民们的过度放牧以及他们不符合自然规律的耕作。

"也许在你所居住的地区人们还没有受到此类沙漠化问题的直接影响。可是，为什么你们的内心世界逐渐荒芜，人际关系日渐淡漠，越来越多的人思维固化或内心空虚。这种情况确实存在，不是吗？

"随着沙漠化的社会形式在世间日益扩大，你们在工作和私人领域以及公众空间里就越需要更多绿洲。我指的是类似在世界大型沙漠里的绿洲这样的地点和空间。我的想法是能够建造出创新的'自然空间'，在里面你们可以休养生息恢复精力，你们能够彼此安静地会面并相互交流意见；或者也可以是一座小岛，能够让你们精神振奋，赋予你们新的灵感。21 世纪的城市和乡村需要许多这样富有创意并有疗愈效果的自然空间。

"你在哪里可以建造一座有趣的花园、公园或者自然绿洲呢？她会是什么面貌呢？或者更为迫切的是，你怎样为人类饥渴的心灵创造出一片绿洲呢？"

启 示

　　地球上有许多绿洲，人类可以**创造**出同样的**精神绿洲**。

第 38 日 自然界的慷慨赠送

一棵参天橡树为我们的晚餐提供了一个舒适的场地。饭后，玛特拉向我解释人类可以向橡树学习什么。她说："这棵巨大的橡树每年都会长出无数的橡子，远远多于它为了传宗接代所需要的数量。橡树把大量的橡子赠送给它的周边，送给鹿、野猪还有许多森林动物，它遵循的是'慷慨付出'的生命法则。'给予'是你所能想象得到的最具有丰厚回报的行为。就像你与子女的关系一样。你对他们付出了许多，（我在这里所指的主要并非物质上的赠予）从而大大支持了他们自身的发展。

"每个人都有能力付出。有人可以给予物质上的馈赠，有人并非一定要拥有大量的外在财富，他也可以付出别的东西，比如：对别人的关注、时间、好感、理解、喜爱，等等。也许某人的付出与赠予，可以让其他人把本来根本无法实现的新观念和新项目引入世间。付出和赠予并不是盲目的随机行为，而需要有意识的决定。理想情况是赠予者对接受者有所关注并能参与到他的生活中。

"难道每个人来到这世上不就是为了付出的吗？可是很多人却常常忘了这一点。

"你越倾向于牢牢抓紧一切而拒绝给予，比如将财富紧紧地据为己有，那你对生活越有可能充满恐惧。

"将你积累的财富一点点转赠出去，也许同时意味着，你解救了别人的危机，或者帮助别人更好地实现他的能力及想法。这难道不是一个绝妙的主意吗？不要再为银行调息而耿耿于怀，相反你应当去支持别人，既可用金钱也可用义务劳动去帮助别人把他的理念带给世界。

"你往周围看看，看草坪四周环绕着你的这些形形色色多姿多彩的植物！大自然用英明的方式再次展现出如此不可思议的慷慨。她具有最高深的智慧，因为她一次又一次地不断奉献、给予、赠送，从而扩展并丰富了生命，丰富了我们每个人的生命。"

启 示

　　一味索取终将坐吃山空，只有慷慨付出才能有所创造。

第*39*日　精神气候的变迁

昨天夜里，一场罕见的强热带风暴袭击了我们。我以前很少遇见过这样大的风暴，根本不指望能睡个安稳觉了。

早上玛特拉显得疲惫不堪。她郑重其事地对我说："你也许认为，如果没有你们人类存在，地球大体上也会发展成这样，自然界也基本上会是现在这个样子，也许仅仅少了你们的房屋、建筑和街道？如果你这样想那就大错特错了！人类和地球的发展息息相关，其密切程度远远超过你在梦境里最大胆的想象。甚至地震、火山爆发、洪水以及灾难性冰雹风暴，都会受到你们的生活方式及道德行为的影响。"

此刻的我无法理解玛特拉的话语。我很难相信，作为人类我会对自然灾害的形成具有什么影响。和以往一样，我问自己："是否玛特拉能读懂我的想法呢？"随即她便开口道：

"你也许根本就不认同，对吗？对你来说，这也许真是太荒谬了。

但你怎么能够知道你的想法就是真理呢？为什么不会是恰好相反的呢？你们人类常常自以为是……

"如今世上许多土著部落的首领急切主张人类与大自然建立全新的、尊重的关系。对此你怎么看待？

"一位来自西格陵兰岛的因纽特人首领甚至迫切要求全球人类共同转变他们的精神气候。他呼吁人们："融化你们心中的冰块吧！"这位首领认为人与人之间的冷漠关系是造成地球温室效应的最主要原因之一。

"你无法想象，当千百万人具有类似的思想和感情时，将产生多么巨大的效应？如果你们人类能够和大自然同呼吸共命运，而不再将她孤立，那你们的能量与自然界的能量，必然会产生巨大的相互影响力。"

玛特拉这天再没多说什么了。

启 示

融化你们内心深处的坚冰吧！

第40日　鲸鱼与海怪的语言

"我今天破例给你讲一则寓言故事，"当我们在一小片森林湖泊边坐下时，玛特拉说。故事开始了："从前有个民族，他们的居民生活在海底，并与'鲸鱼的语言'相通。他们对此这样解释道：'因为鲸鱼拥有全世界动物中最大的心脏，他们的语言是一种源自内心的语言。'

"所有居民互相之间的对话都发自肺腑。他们全心全意只有一个念头：每个人都能过得很好。他们不去评判和指责其他居民，相反总是为大伙儿的团结一致而高兴。如果他们中的某个人不小心确实说了一句批评的话，被批评者会倾听这些话语，透过表面的意思试图发掘他人在这些话语背后所隐藏的感情和要求。比如也许他会意识到，在这批评之后，隐藏着希望获得更多尊重的强烈要求，而这些意愿并没有被清楚地表述出来。当他意识到这种深层的需求时，将来会更努力地给予他的乡邻更多的尊重。

"离这个民族很远的地方，生活着一个完全不同的民族，他们说着'海怪的语言'。居民们相互间不断地唇枪舌剑挑衅对方，整天从早到晚彼此评论、责备、针对、比较。他们用尖刻的语言刺伤别人或自己。如果有人听到一句批评（在这里这是家常便饭），他很快就会反唇相讥，或者失望愤怒地离开。他们经常对眼前的糟糕局面互相推卸责任。人人生活在紧张的气氛中，个个无精打采，萎靡不振。

"你所处的社会也是个始终充斥着批评的社会。你们把许多成就归功于批判的眼光，并认为这是你们文化的伟大之处。如果你们在将来想制造更多的和平，在自己的家庭和世界中减少暴力，那你们应该学会多使用鲸鱼的语言。相反，如果你们始终要紧握自己的权利，那你们只要让海怪的语言将你们控制住就够了。"

启 示

只有发自肺腑与别人交流，才不会伤害自己或别人。

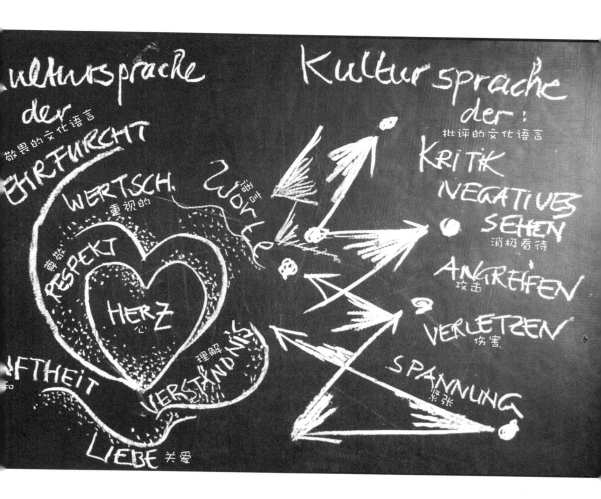

第 *41* 日　轮作经济

阳光明媚，晴空万里，我们一边小心地穿过一片巨大的麦田，玛特拉一边开始跟我讲解轮作经济的重要性。她说：

"你知道吗？如果农民们希望持续保持丰收，那他们会在一定的距离处种上不同种的植物。他们知道，如果在同一地方一直种植同种植物，土地将会贫瘠，重要的营养物质将会枯竭。

"在你们的纬度上，农民们每年都会交替种植牧草和庄稼。在热带地区，农民们则每年更换几次种植的品种，比如冬天种麦子，夏天就在同一块地方种上烟草。这种种植方式能让土地及时把一种植物所吸走的养分又一次补充回来。

"有计划地交替种植，可以保证硕果累累的丰收。这样可以降低人工耗费，而且还能减少庄稼受到病菌或者虫害的侵袭。通过这种方式也能大量节约农药的运用。

"所以种植成功的秘诀就在于有准备地轮作。

"现在，你的生活又是怎样的呢？你是不是一直在尽量争取足够的交替？或者必须要由我亲自过来，才能真正将你从日常琐事中拉出来？"

"这个问题问到点子上了！"我边想边感激地向玛特拉微笑着。

启 示

　　没有更替就没有生命力。

ABWECHSLUNG 调节

CHAFFT LEBENDIGKEIT 创造活力

GIBT DEM BODEN 给予土地

RÜBEN 甜菜

WEIZEN 麦子

NIMMT VOM BODEN 从土地获取

WIE DAS SCHAUKELN 如同一个孩子的秋千

EINES KINDES

第 42 日　金雕的年轻化

今天我们又一次登上了一座雄伟的高山，当我们刚刚穿过树带边界时，玛特拉将我的视线引到了高空中盘旋的一只金雕身上。

"这只母金雕，"她说："身长几乎有一米，它的翅膀展开后，能超过两米。我相信，它现在正用它那深棕色目光犀利的眼睛，同样观察着我们，就像我们观察它那样。"

"它如此优雅沉静地飞翔着，真是太美妙了！" 我赞叹道。

然后玛特拉跟我讲述了一个古老的印第安传说……

"一只金雕能够活 70 岁，要达到这样的高龄，它必须在它生命中途经历一场格外富有挑战性的转变历程。

"当它大约 40 岁的时候，飞行会变得越来越艰难，因为它的翅膀随着年岁的增长日益沉重，令它无法达到更高的飞行高度。他长长的爪子

172

也不再尖锐，使它难以抓牢猎物。它弯曲的鹰嘴变得钝拙，妨碍它摄取食物。

"为了避免早早死去，金雕必须经过一场非常痛苦的艰难历程，整个过程大概要持续半年左右。它会飞到一处很远的山峰，躲进无人的山洞里，开始在那里'褪毛'。这意味着，它要把自己的羽毛啄掉，爪子磨光。最后还要将鹰嘴在岩石上一直来回摩擦，直到被磨平。所有的华服都被卸掉之后，它就一直等待着，直到慢慢重新开始长出新羽毛，更换爪子并长出锋利的新嘴。

"当金雕经受了这一切痛苦后重新展翅翱翔，它便可以飞抵它年轻时候从未到达的高度，并且它还能继续生存 30 年。"当玛特拉将这个故事讲完后问我："你上一次'褪毛'，即摆脱掉身上陈旧束缚是什么时候？"

一边问，她绛色的唇角一边绽放出笑意。

启 示

谁能甩掉包袱，谁就能获得新生。

第 *43* 日　北极星的指引

昨夜，我们破例一直走到拂晓。漫步时，我们观赏到了壮丽的星空。凉爽清朗的空气让我们眼前拥有了难以忘怀的一幕。

"看这点点闪烁的星海啊！" 玛特拉向我喊道："你看见那北斗七星了吗？你能辨认出北极星吗？很久以来，北极星一直为你们人类引领方向。他向你们指出朝北的道路。北极星是北方天空里唯一一颗你们人类能感知到的永久不改变位置的恒星。"

我随即想到，有多少征途中的人们也许曾被北极星挽救过生命。玛特拉接着说："在你的个人及职业生活中也一直需要一颗恒星，让你能辨明方向。没有一个固定的基准，即没有一颗启明星，你将会走进迷失自我或浪费生命的危险中。启明星可以帮助你更好地集中精力，从而提高效率、更加成功。

"你只能自己为自己找寻这样一颗星星。当你的人生之舟航行在生命的海洋中，你必须自己负责始终用它来唤醒你的意识。

"即使是久经风雨的水手们也从未放松过警惕，确保目的地和阶段性目标从不曾在眼前消失。在没有持续观察仪表、地图以及天气的情况下，他们便不会继续航行。对你来说也同理。

"你有没有找到可以指引你生活方向的启明星呢？你的星星是否足够明亮，让你不管是在白天还是在最深的黑夜里都能辨认得出呢？如果你在此刻去感受自己的内心，你觉得自己是否处于正确的生命航线上呢？你内心的指南针是如何对你说的呢？它是否在颤抖呢？"

玛特拉停顿了片刻，然后继续说："如果你将你的启明星从视野中丢失，或者根本将它遗忘，那你就有可能陷入危局，好似一艘在茫茫大海里没有方向随波逐流的船，你只能期望在某时某地能够靠岸，或者被某人救起。"

玛特拉握着我的手，请我闭上眼睛，思考自己那些宏伟的人生梦想。我们长时间安静地并排坐着，她用极其温柔的声音问我：

"你在想什么？你拥有的启明星，是否和你降生到地球时所带来的生命原动力方向一致？"

启示

启明星会帮你找准人生的方向，令你专注而行。

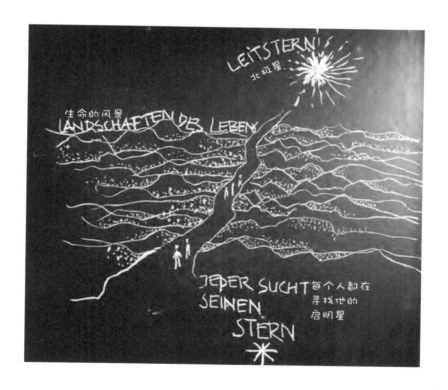

第 44 日　人类及自然中的炼金术过程

第 44 日晚上，长途跋涉之后，玛特拉用些木片点起了一小堆篝火，然后请我仔细观察发生了什么……当她把一根潮湿的树枝放在火焰上时，不一会儿，就有烟雾升起。"这空中上下起舞自由飘荡的青烟本身就是一大奥秘！"她说。

我继续观察着这根树枝。他慢慢开始产生火焰，最后在熊熊大火中燃烧起来。"现在你观察到第二点了，"玛特拉轻声说："火焰一直向上跳跃，回归他们的故乡。"

长时间燃烧之后，最初的一些灰烬落到了地面。"你已经观察了燃烧过程中三个最重要的特征：最初是扩散的青烟，如空气般袅袅飘荡，散发出强烈的烟味并伴有树枝的清香。然后你看见了这向上熊熊燃烧着的温暖的并带来光明的火焰。最后，与火焰相反，树枝所燃烧的灰烬遵循大地母亲的重力而向下飘落。

"早在远古时期，这三个在燃烧过程中的可见元素，就被人们定义为硫（火焰），汞（青烟）和盐（灰烬），这三者体现了原始的自然力。'硫'代表着扩张力，'盐'为收缩力。而'汞'则负责管理期间相关一切的节律性运动。所有的生命，包括你，都是按照这种原始的过程创造出来的。

　　"你成形的思想和有规划的头脑都对应着'盐'；你的四肢和红色奔流的血液，对应着'硫'；你的肺、心脏以及你富有节奏的呼吸则都对应着'汞'。

　　"当'硫'在你体内比重过大，就会出现发烧的症状。相反，'盐'过多，就会出现痛风和硬化的症状。如果你想要寻求治疗方法，不同的方案就摆在你面前。比如说，你体内含'盐'过多，那你就去使用含'硫'元素的药物。即可以去服用与之相反性能的药物。或者你还可以采用'顺势疗法'：顺应体内过多的成分而服用更多同种成分来激发自身的治愈力。如果你的身体含'盐'过多，那你就继续服用'盐'，来激活你的体内医生。此谓'顺势疗法'。当一端性能过强的时候，另一端便会消失，并不能继续形成中性，因此也无法保证健康的生命。如果扩张过度，就会热死；反之如果完全收缩，就会冷死。因此，你在生活中，要注意让扩张与收缩这两方面保持平衡，避免走极端。就好像将自己封存起来与世隔绝，终将导致社交关系的死亡。

启 示

扩张、收缩以及有节奏的**协调**，由此构成了原始文明，并**产生了创造生命**和各种形态的古炼金术。

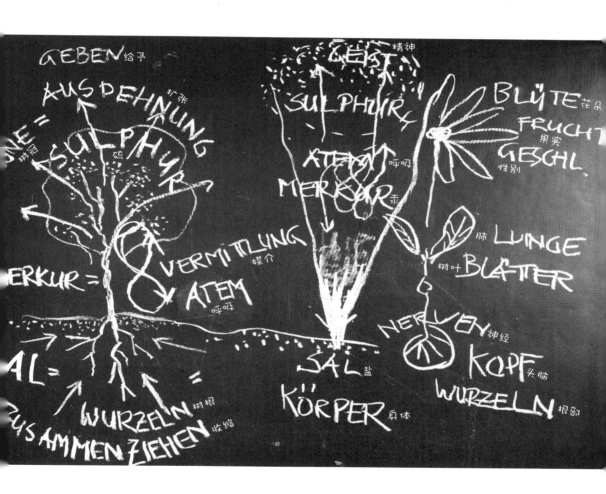

第 45 日　一切都是声音

最近几天在我的内心深处涌起一种强烈的感觉，与玛特拉的美妙无比的徒步之旅慢慢要接近尾声了。之所以这样说是因为我注意到，对她来说，目前似乎更重要的是向我展示自然的博大精深，以及未来文化的走向。

我觉得越来越难以理解她的描述。我注意到，她试图想让我更加接近那无法琢磨、"有神无形"、在自然界中起着重要作用的神秘自然力量。

当我们从一个如梦如幻的高山湖泊旁经过时，玛特拉发现有块生锈的铁片躺在地上，于是将它拾起，放在水面上方。忽然用一根树枝集中全力小心翼翼地在金属片上击了三下，让我去观察水面。所见的情形令我非常惊奇，没有和水面直接接触，而声音已经让水的表面产生了波动。"你看见了什么？"她问我，"得出了什么结论？"

我只是说："太神奇了，你让我看见了声音。"

　　玛特拉微笑着向我讲述了一个实验：　曾有自然研究者用小提琴弦在撒满细沙的金属盘上振动。他观察到沙上形成了绝妙无比的图形。玛特拉接着说：　"地球各处的无数创世神话都在提醒我们，声音具有可以塑造形状的力量。是的，自然界中所有的形状最终都来源于声音，整个宇宙就是振荡着的声音。"

　　"这是个多么奇妙的观点啊!"我喃喃低语道。

　　"从动植物和人类身上能够看出，所有的形状都是从振荡波中产生的。比如你可以观察人类的胎胚及成人。胚胎还处于极其柔滑的状态，对，流质的。随着他的成长开始逐渐硬化。这个过程相对缓慢，几乎无法察觉。而成人的身体组织结构比胚胎密度大得多也硬得多。

　　"此外，就好像你的肋骨或者手指那样长短不同地并排着，声音的音阶也是类似这样排列的。"

　　玛特拉从头到脚打量着我，然后说：　"让你的身体始终保持振荡吧! 这样你能敏锐地感觉到你和宇宙的宏伟声音是相通的。开始唱歌吧! 成为一个音乐家吧! 否则，你将很难得到大自然的祝福!"

启 示

太初有道。

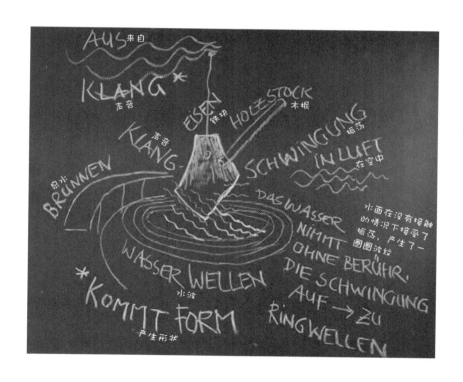

第 *46* 日　宏观世界和微观世界的相互作用

玛特拉又一次久久地默然仰望着长空。然后她说：　"我今天想让你看一些特别值得注意或许也是令你惊讶的现象。它们可以让你再次看到，宇宙的发展与你个人的发展是多么息息相关。好好听着吧！

"通过计算机的处理，你们目前可以看到地球在 2 亿年前的样子。那时，地球上有一片巨型的超大陆，被你们今天称作'盘古大陆'。这片超大陆的外形，看起来像个一个月大的胎儿。

"很令人震惊不是吗？

"再举个例子：你们的瞳孔是由放射性的图形所环绕。而太阳黑子也具有同样对称的图案。

"难以置信吧？

"再有：地球磁场的形状与贝壳特别相似。不仅如此，它也极其类似你大脑的形状。

"这难道不令人浮想联翩吗？

"在深海里漂浮着一种独一无二的浮游生物，它的外形极似一幅巨大的星云爆炸图，一颗超新星。也许你能在用天文望远镜所拍的照片上看得到类似的图形。

"这难道不是又一处伟大的奇迹吗？

"一朵盛开的太阳花花瓣类似于太阳的光环，即'日冕'，只有在发生日全食的时候才能看见。

"当你观察到自然在不断地重复她的形状和式样，小到最微型的生物，大到爆炸的星云，这难道不令人激动吗？

"宇宙的运转并非杂乱无章或纯属巧合。其实，在宇宙结构与地球及其所有生物中或许隐藏着一种关联。原先在上的，现在在下；原先在下的，现在在上。一切都有其对应物。当你自己发生变化，你四周的一切也会不由自主跟着改变。你应该始终牢记这一点！"

启 示

　　从某种意义上说，一枚种子可以全息映射出整个宇宙。

第47日　无章和有序

今天我惊讶地看着玛特拉从一个旧的大麻布包里拿出满满一捧捧栗子树的树叶，撒向大地。然后她又把石头、弯曲的树根、树干、彩色玻璃以及圣诞树枝一起扔到地上。"我希望你把这地上所有东西都重新归类。"我奇怪地望着她，根本不明白她为什么要让我这样做，但我还是照做了。我干净利落地把每样东西都按照"同门归类"的分类法分好，让它们形成不同的石头堆、玻璃堆以及树根堆，等等。

玛特拉并没有对我快速的工作成果表示赞赏，又让我把全部东西重新打乱，将它们根据完全不同的分类规则重新组合。

我愣了一会儿便按照她的新指示去做了。看啊，我竟发现了多种可以把这些东西重新归类的可能性。很多方法是我一开始根本就没想到过的。我终于明白了玛特拉的用意，即在混乱中特别能产生许多新的排序方式。我只需要允许这样的杂乱无章！

"这节课没有白学。"我暗暗想着。

"生活中总有很多有序的阶段，"玛特拉说："也有很多混乱的阶段。混乱是这样定义的，即所有的事情都看不到结果。也只有在这样的混乱时刻，你们才能真正迎来新的动力。一成不变的固定模式中无法产生新事物。可对你来说，长期的混乱简直令人难以忍受。

"如果你再次处于一种混乱的局面中，不要绝望，而只需尝试预感什么将会来临，什么将在混乱中涌现。'乱世出英雄'，美好的未来萌芽常常隐藏于其中。

"所以混乱常常是创造全新解决方案的重要前提，也是地球母亲让多方面共同运作的一种艺术手段。自然界每年都会刻意制造混乱。最迟秋天自然界就拉开了摧枯拉朽的序幕。没有混乱也就不会有生命力及新秩序。

"比如当你将一粒种子种进湿润的泥土里时，种子便开始了 24 小时的混乱期。与未来植物形态相关的组织开始释放，此刻种子对于来自外界力量的影响非常敏感。其中包括星球力量的影响。

　　"如果你种一棵橡树，希望提升它内在的力量，那你就可以选择在与橡树相关的星球即火星背对满月之时来播种。这样月亮则会强化橡树的特性。如果你把橡树种子在金星正好背对满月之时播下，那这棵橡树就会接近椴树的外形，因为金星所增强的则是另一种特性的形成。所有生物都有他自己特殊的时间性。"

启示

自然界一直在制造混乱，是为了将新事物引入世间。

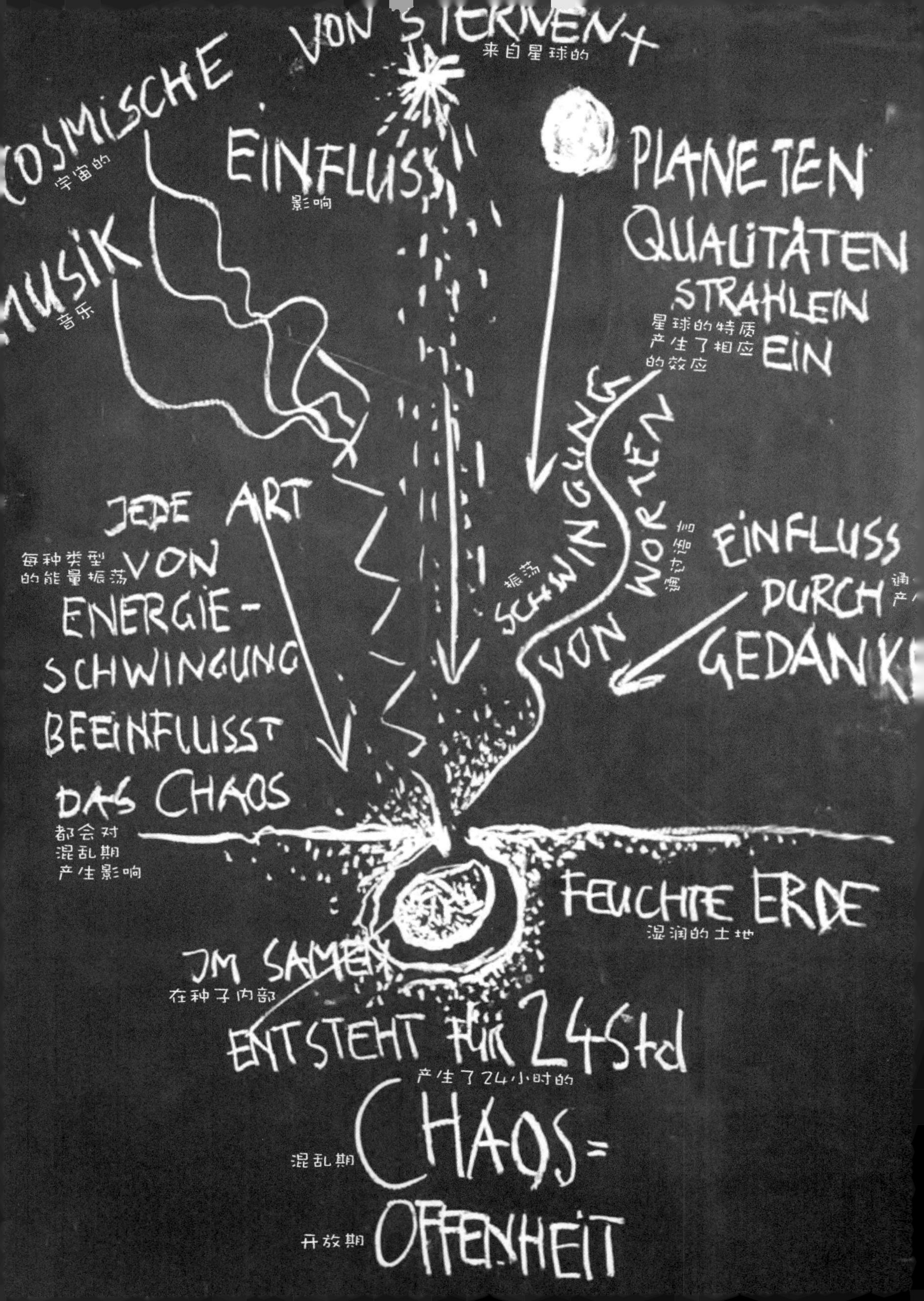
COSMISCHE EINFLUSS VON STERNEN
来自星球的
宇宙的
影响
PLANETEN QUALITÄTEN STRAHLEN EIN
星球的特质产生了相应的效应
MUSIK
音乐
SCHWINGUNG
振荡
VON WORTEN
诵讨语言
EINFLUSS DURCH GEDANK
JEDE ART VON ENERGIE-SCHWINGUNG BEEINFLUSST DAS CHAOS
每种类型的能量振荡
都会对混乱期产生影响
FEUCHTE ERDE
湿润的土地
JM SAMEN
在种子内部
ENTSTEHT FÜR 24Std
产生了24小时的
CHAOS=
混乱期
OFFENHEIT
开放期

第 *48* 日　外部和内在的景观

今天，我们在漫步途中又一次穿过一片广阔鲜亮的麦田。"我心中正充满了阳光！" 玛特拉欢笑着，边神采飞扬地小跑着穿过田野，边用手温柔地抚摸着泛着金光的麦穗。

过了一会儿她停下来，说道："风景就是你周围能用眼看到的景观，可是在你的内心也有风景，我所说指的是你的心灵风景。"

几乎在我们共同旅行的每天中，我都不明白玛特拉想要表达什么。同样，她现在所说的心灵风景又是什么呢?

"每一种外在的风景都会自动唤起你内部的情绪。外部风光将她多种多样的植被、颜色、气味、形状深深印在你心中。她启发你的头脑，激发你心中不同的情感。我相信，你对于某种风光、某种景观的形式、某个季节、或者某种自然氛围一定有所偏爱。这通常反映了你自己内心的情绪风景。

"如果你想更深入了解你自己，你可以尝试找出哪一种外在的风景最

197

能引起你的共鸣，哪一种让你敬而远之。想想哪些地方让你觉得特别舒适或者特别不舒服，你就可以由此了解你自己的个性、情绪和脾气。对你或对其他人来说，在这世上总有些地方和区域的外部风景与你内部的风景特别和谐一致。去找到她们吧！

"你所经历的四季不光存在于外部的自然界中，也同样存在于你自身。同样，气候环境不光外界有，你心中也有。现在你内心的天气如何？你是晴朗还是阴郁？你的心是在下雪还是下雨？是刮风？干燥？还是炽热？那些正在接受化疗的人们，内心的感受比起天寒地冻、萧瑟苍白的严冬更有过之而无不及。

"外部的风景影响着你的内心，同样你内心的风景也影响着对外界的感受。根据情绪的差异你能感受到外部世界的不同色彩。

"多愁善感的人居住在缺少阳光的深沟里，一切对他而言都是阴暗而忧郁的，因此他渴望光明与开阔；相反乐天派的人则飘荡在阳光明媚的小山丘上，像蝴蝶般在花丛间无忧无虑地翩翩起舞；而脾气暴躁的人却喜欢干燥的热浪，喜欢震耳欲聋的电闪雷鸣；冷漠的人则喜欢待在小池塘边，享受绝对的寂静、蜻蜓的低吟和平滑如镜的池水……

"你内心的风景又是怎样呢？更重要的是，她渴望与什么共鸣呢？"

启 示

　　内心的风景与外部的风光息息相关。

第 *49* 日　一滴水的生命历程

今天，大雨忽然从黑压压的云层中倾盆而泻，我和玛特拉一起迈着艰难的步履，在暴风雨中湿漉漉地前进，寻找一处干燥的栖身之地。"我来给你讲讲一滴水的生命历程吧！"玛特拉说：

"每一滴拍打在你身上的雨滴，在下落时都经历了特别有趣的转变。在降落到地面的过程中，由于重力的作用，水滴从原本的球形，会变成较长的椭圆形。随着水滴下部重量的越积越多，它的上部会越来越尖。

"在继续下落的过程中，由下至上的气流会将水滴向外挤压，于是在水滴的底部会产生一个凹形。这个凹形最终越变越大，将水滴分裂并整个翻转过来，最后重新又形成了它最初的球型。之后新的一轮翻转过程又开始了。最初在水滴内部的成分变成了外部，而外部的成分被挤压到了内部。听起来好像很复杂，不是吗？"

　　玛特拉拿起的一块尖尖的石头，在湿漉漉的地面上画出了刚才跟我讲述的那些水滴不同的形状。

　　"在你的生命终结之际也会产生巨大的转变。你死亡之后，对你来说一切都翻转了。

　　"不仅只在生和死之时，在你每个生命历程中都会有或大或小的翻转——可你仍然始终是你自己。

　　"你可以从地球漫长的地质生涯中感受她的翻转。曾经在内部的物质被挤到了外部。只要你去观察火山的爆发以及地壳硬化的熔岩就可以证实这一点。

　　"所有的生命都会经历这样的翻转过程，会有从最内部被挤压到最外部的阶段，也会有外部进入到内部的阶段。有什么早就在你心里一直向外涌动？有什么在你周围渴望更进一步走进你的内心？你觉得呢？"

启示

　　一切始于一体，经历了沧海桑田后，最终又归于一体。

BIOGRAPHIE eines FALLENDEN TROPFENS

一滴下降中的水滴的生命历程

KINDHEIT 童年　1　Ganzheit, keine Schw...
整体，没有重力作用

JUGEND 青年　2　Schwerkraft beginnt nach unten zu ziehen
重力开始作用，向下拉伸

ERWACHS. 成年　3　Aufblühe, öffnen
开放

MIDLIFE KRISIS 中年危机　4　Einheit droht zu zerreissen
整体很快要分裂

NEUE ORIENTIERUNG 新的方向　5　neue Synthese muß gefunden w...
必须出现新的合成

ALTERN 老年　6　Die Vereinigung bringt FRUCHT
重新整合带来了成果

GREISEN-ALTER 年迈　7　NEUE GANZHEIT
ALTERSWEISHEIT
新的一体即老年的人生智慧

第 *50* 日　精灵与能量场

今天一大清早我就看见玛特拉正满意地微笑着坐在一块被苔藓所覆盖的大石头上。她好像正在和别人聊天，可是我却看不到人影。她的表情让我联想起一个无忧无虑玩耍着的快乐孩童。没多久，出人意料地，她的面容黯淡下来，她眼中含着悲伤对我说："你们人类与自然的关系真令人悲哀。你们没有把自然界当作有生命的精灵，其实如果你们和它能有意识地合作，将会为地球的未来带来巨大的潜力！"

"玛特拉到底在说什么？"我思索着："她究竟在指什么？"

玛特拉看出了我一片茫然，于是说道："自然界万物都是有灵性的，就好像传说中有山神、水神、花仙子一样，我们无法用肉眼看见，但我们可以感知并尊重自然界的灵气。对大自然敞开心扉吧，把那一花一草一树一木都当作是有生命的精灵，与它们默契配合！"

我对玛特拉的描述丝毫摸不着头脑。但她还是继续说着……

　　"如果你将来想和'精灵们'合作，就意味着你应该把自己的心扉向这些陌生的朋友敞开，去感受自然界的力量，并且能够让自然生灵们充满智慧的能量在你身上流淌。如果你一味反对抵制它们，那你将削弱它们并且也削弱你自己的能量。

　　"许多大城市里的人越来越感觉到能量的缺乏，人们越来越频繁地生病。而相反在自然界里他们能够很快恢复健康并重新振作，那是因为充满活力的大自然中有着无穷的正能量……

　　"所以，走出城市吧，去和大自然交朋友，用你的真心去尊重并热爱它，从它身上感受生命的蓬勃活力吧！

　　"你说是不是？"

启示

万事万物都有灵性，谁能充满爱心地接受这些"精灵"，双方的生命都会以一种特殊的方式变得丰富充实。

第 *51* 日　海豚和振动

经过了 51 日的漫长徒步，我们来到了一望无际的海边。

"往那儿看啊！"玛特拉兴高采烈地欢呼道：　"你看见海豚家族在那水上跳跃吗？"

果真如此！水花翻腾着。我一次次看见一只或多只白色的海豚在水面上银光闪闪地掠过，我能够形象地感受到他们对生活的热爱。

"海豚真是一种奇妙无比的生物。千百年来他们一直鼓舞振奋着你们人类。在古代他们有着近似神的地位，你们认为他们是极神圣的。

"地球上很多国家的人们至今仍把海豚奉为神明。人们将他们和许多美好的特质联系在一起，比如聪明、美丽、强壮、热爱生活、和谐、自由。如你所知，海豚还能参与一些残疾病人特别是孩子们的治疗项目。

"另有一些独到之处值得一提：从海豚那里你可以学到有关能量

运用的绝招，因为他们能够以高度智慧的方式在游泳时充分利用水的动能。

"作为哺乳动物它们没有鳞片，而是由上百万细小的绒毛组成皮毛，这种细毛让他们在游泳的时候，能够斜着迎接水流，由此产生无数小漩涡，将他们快速向前推进，令他们能在水中飞掠，甚至达到每小时七十千米的高速。

"你也应当学习善用周围环境的能量，不要去与现有的能量相对抗，而是充分利用它们的各种性能，把它们当作礼物来接受！"

启示

将自然与人类的能量充分利用比与之对抗更为明智。

第52日　最重要的是：敬畏之心

一个灿烂炎热的盛夏之日降下了帷幕，这是我最后一次看见玛特拉。我们并排坐在沙滩上，相对无言，只是久久地遥望着远方无边无际的大海。她一如既往地微笑着，然后对我说道：

"智慧的大自然慷慨给予了你无穷无尽的馈赠，可是有一样她没有给你，而这样东西正是一切的根本。你觉得，作为人类而能够成为真正的人最重要的是什么？"

我睁大眼睛茫然地望着她……

长长的停顿之后她说："那是对于在你之上的神圣宇宙之父的敬畏；对于在你之下的大地母亲的敬畏；以及对于与你同等的你的人类同胞的敬畏。

"纵观你的一生：每当你为某人或某事承担起一些责任，你就应该感觉到这三种敬畏之心。

"可是许多人对此却不屑一顾。他们说：这种敬畏和对所有生命的关注，只是一种浪漫的感觉而已，没什么实际意义。谁这么想他就忘了，永远只有心灵才能真正洞悉生命的奥秘。

"试想一下，有个我们都不认识的人正与我们一同坐在这美妙的沙滩上，像我们一样观赏着日落。但是，他的心灵没有产生任何有意识的情感。

"而我们在观赏这样日落的时候，感受到了自然那永恒的语言，自然的神秘谜底正在我们心中被揭开。

"这是我想向你倾吐的最后一个秘密。生活中只有那些你深深并慎重敬畏的事物才会向你展开它们的真实面貌。因此，敬畏之心是了解自然以及宇宙伟大奥秘最重要的钥匙。

"就如同太阳用她的光芒照耀万物，你的敬畏之心也会给你的眼界见识插上双翅。

"当你怀着深深的敬爱去解读大自然的杰作时，自然的奥妙便通过你被揭开了。她会充满幸福地在她的生命中放射光芒。

启示

惊叹、敬畏与感激，是更深入了解世界最重要的前提。

胸 针

　　清晨当我从睡梦中醒来，到处都看不到玛特拉的身影。我大声呼唤着四处寻找她。然而徒劳无获，她始终踪影皆无。

　　想必已经接近傍晚了，我忧伤地独自徘徊，失魂落魄地走在海滩上。迎面遇见了一位少女，她让我留意面前地上的东西。那是一枚装饰华丽、闪着翠绿金光的首饰——一枚胸针。我本能地意识到，这必然是玛特拉的胸针。我问自己，她是将它遗落还是故意留在这里的？

　　少女弯下腰拾起了这枚胸针，好奇地在手里翻来覆去研究着这枚不同寻常的首饰，看到边上有条小的裂缝。她用粉色的指甲小心翼翼地插进裂缝，胸针的盖子马上弹开了，有一小张皱成一团的羊皮纸出现在眼前。她递给了我，我激动地将其展开。上面用潦草的字迹写着：

　　感谢！特别感谢！

　　与你在一起的日子对我来说极不寻常，我非常享受能够和你这样一

位开朗有趣的人一起交流的日子。大多数人都不把我真正当回事。他们不听我也不看我，还根本不跟我说话，尽管我一再出现在他们面前。你们目前所生活的时代对于地球，对所有的生命来说，既充满危险也同时充满了希望。你和你们所有人，都是不远未来的设计者和缔造者。你们对于我们共同的持续发展同样负有责任。

用你未来的几周时间冷静地思考，走到自然中，回想一下我在这过去的 52 天里试图教你的东西。

也许你也可以邀请其他人一起——小孩、老人、朋友、任何人都行。你必须知道，你们人类，你们每个人都应该并能够了解这自然界、地球以及整个宇宙最深层的奥秘！这是你们的任务。

继续为你的生活而欢欣鼓舞吧！它是一个奇迹！

为你自己作为人类而庆幸吧！你也是一个奇迹！

为你们身处这自然界而欢喜，为你们的自然祝福，你们将经历伟大的奇迹！

同我一样，你也会一直不断地改变与发展。

我们始终紧密相连，因为我中有你，而你中也有我！

你及你们大家的

玛特拉

两行热泪从我的脸颊上滑落。少女吃惊地看着我，我将这枚胸针放在她温柔的手掌中，向她讲述了玛特拉所述的珍珠贝的故事，因那枚打开的胸针此刻给了我这样做的动力。

少女离开后，一阵深深的伤感伴着与玛特拉共同度过的美好时光的结束而袭上心头——但是同时，我也感到无边的幸福，因为在过去的 52 天中，我对我们地球母亲有了更新、更强烈的认识。

电光火石间，我忽然明白了：事实上我的旅程才刚刚开始……

满怀着憧憬与规划，我快步踏上了回乡的旅途。

启 示

当鸟类的行为和书本知识并不一致时，请始终相信鸟类。（古老的哲言）

感谢词

我们感谢伟大的地球母亲，以及深受其启发的许多知名人士将他们的见解以艺术的形式留在了本书中。

我们在此希望读者能从这些知名人士的伟大作品及原文中，继续深化你们的认识。同时我们也希望我们的读者开始翻阅自然界这本伟大的百科全书，并能一直读下去。自然界现在是并始终是你们自我发展的神奇灵感之源。

我们也向本书的编辑 Astrid Mack 表示无比的感谢，感谢她为本书的精雕细琢作出的许多贡献。

作者简介

君特·卡耐尔博士

君特·卡耐尔博士 1961 年生于奥地利克恩顿州的弗里萨赫，童年便生活在施泰尔马克地区诺伊马克特的"茨尔比茨扩格尔-戈兰本岑自然公园"中。主修法学，后进入特里贡发展咨询公司就职。

25 年来君特·卡耐尔一直担任变革管理及管理层发展领域的任事股东及顾问，深入研究关于"持久性"的课题。

君特·卡耐尔与约翰内斯·玛提森一起合作了众多项目，并创建以下公园：第一所"精神公园"（诺伊马克特的"品读自然公园"）、阿尔卑斯主题公园"树林魔法——自然生物的王国"、"茨尔比茨扩格尔-戈兰本岑自然公园——世界首个自然品读区"等自然公园。

约翰内斯·玛提森（工程硕士）

    1946 年，约翰内斯·玛提森出生于卡尔夫，成长于黑森林，主修建筑，在黑尔纳、维也纳以及海德堡的华德福学校从事艺术教育 20 年。在此期间，他与囚犯及学徒一起建设工业项目，之后在大众和瑞士航空从事创新与人力资源开发。他在国内外举办过绘画展和建筑展。其后在维也纳相关艺术高校以及海德堡大学担任教学辅导。

    从 1995 年起作为自由职业者和景观设计师，约翰内斯·玛提森带领青年人奔波于世界各地，从事与区域文化相关的被破坏景观的修复工作，并创建了大量主题公园。自从他身患癌症以来，虽然他所热心的创作事业有所减少，但并没有因此而终止。